AI 摄影绘画创作
完全自学一本通

楚 健 编著

U0216529

电子工业出版社·
Publishing House of Electronics Industry
北京·BEIJING

图书在版编目（CIP）数据

AI 摄影绘画创作完全自学一本通 / 楚健编著 .
北京 : 电子工业出版社 , 2024. 9. -- ISBN 978-7-121
-48481-0

Ⅰ . TP391.413

中国国家版本馆 CIP 数据核字第 20241K0Q96 号

责任编辑：高　鹏

印　　刷：河北鑫兆源印刷有限公司

装　　订：河北鑫兆源印刷有限公司

出版发行：电子工业出版社

北京市海淀区万寿路173信箱　　邮编：100036

开　　本：787×1092　1/16　印张：13.5　字数：367.2千字

版　　次：2024 年 9 月第 1 版

印　　次：2024 年 9 月第 1 次印刷

定　　价：79.00 元

凡所购买电子工业出版社图书有缺损问题，请向购买书店调换。若书店售缺，请与本社发行部联系，联系及邮购电话：（010）88254888，88258888。

质量投诉请发邮件至 zlts@phei.com.cn，盗版侵权举报请发邮件至 dbqq@phei.com.cn。

本书咨询联系方式：（010）88254161～88254167转1897。

前　言

■ 写作驱动

本书是初学者自学 AI 摄影绘画的实用教程。从实战角度出发，对 AI 绘画的创作、优化和实战案例等内容进行了详细解说，帮助读者精通 AI 摄影绘画。

学习本书，掌握一门实用的技术，提升自身的能力，有助于响应我国科技兴邦、实干兴邦的精神。本书在介绍 AI 绘画的同时，还精心安排了 80 多个具有针对性的实例，帮助读者轻松掌握相关的操作技巧，做到学以致用。并且，全部实例都配有教学视频，详细演示案例制作过程。

■ 本书特色

同步教学视频： 本书中的软件操作技能实例，全部录制了带语音讲解的教学视频，重现书中所有实例操作，读者可以结合书本，也可以单独观看视频演示，像看电影一样地学习，让学习更加轻松。

素材效果： 随书附送的资源中包含了 10 多个素材文件，近 80 个效果文件。其中的素材涉及人像绘画、艺术绘画、游戏设计和电商广告等多种行业，应有尽有，供读者使用，帮助读者快速提升 AI 绘画的操作水平。

干货技巧： 本书通过全面讲解 AI 摄影绘画的相关技巧，包括文案关键词的获得技巧、图片的创作技巧、短视频的生成技巧、AI 绘画作品的优化技巧和多种摄影绘画作品的创作技巧等内容，帮助读者从新手入门到精通，让学习更高效。

关键词： 为了方便读者快速生成相关的文案和 AI 绘画，特将本书实例中用到的关键词进行了整理。读者可以直接使用这些关键词，快速生成相似的效果，获得与书中实例相近的效果。

全程图解： 本书用了 400 多张图片对软件技术、实例讲解、效果展示，进行了全程式的图解。通过这些图片，让实例的内容变得更通俗易懂，读者可以一目了然，快速领会，举一反三，制作出更多精彩的视频文件。

AI 绘画提示词： AI 绘画的核心，其实是提示词，也叫关键词。为了让大家更高效地绘制出漂亮、丰富的效果，本书赠送了 15000 多个 AI 绘画提示词。

■ 特别提醒

本书在编写时，是基于文心一言、文心一格、ChatGPT、Midjourney 和剪映等软件和工具的实际操作截图，但一本书从编辑到出版需要一段时间，在此期间，这些工具的功能和界面可能会有变动，在阅读时需要根据书中的思路，举一反三地进行学习。其中，ChatGPT 为 3.5 版，Midjourney 为 5.2 版，剪映计算机版本为 4.5.2。

还需要注意的是，即使是相同的关键词，AI 软件和工具每次生成的文案和图片也会有差别，因此在扫码观看教程时，读者应把更多的精力放在关键词的编写和实操步骤上。

■ 版权声明

本书及附送的资源文件所采用的图片、模板、音频及视频等素材，均为所属公司、网站或个人所有，本书引用仅为说明（教学）之用，绝无侵权之意，特此声明。

■ 作者售后

本书由楚健编著，提供视频素材和拍摄帮助的人员有高彪等人，在此表示感谢。

由于作者知识水平有限，书中难免有错误和疏漏之处，恳请广大读者批评、指正，联系微信：2633228153。

目　录

摄影创作篇

第 3 章 AI 摄影短视频创作

摄影优化篇

第 4 章 参数优化

第 5 章 构图优化

第 6 章 光线色调优化

第 7 章 风格渲染优化

摄影案例篇

第 8 章 人像摄影绘画实战案例

第 9 章 动物摄影绘画实战案例

第 10 章 植物摄影绘画实战案例

第 11 章 风光摄影绘画实战案例

摄影创作篇

第 1 章
AI 摄影文案创作

　　在创作 AI 摄影图片或短视频之前，我们可以先准备好
对应的文案内容（即生成 AI 图片或短视频的关键词）。本
章将重点向读者介绍文心一言和 ChatGPT 的使用技巧，帮
助大家更好、更快地创作出满意的 AI 摄影文案内容。

1.1 文心一言的常见用法

　　文心一言是百度推出的知识增强语言模型，它能与人对话，并协助我们进行创作。在创作摄影图片或短视频时，我们可以先借助文心一言创作相关的文案。本节就来为大家讲解文心一言的常见用法，帮助大家快速熟悉其文案创作的方法。

1.1.1 使用推荐的提示词对话

扫码看效果　扫码看视频

　　【效果展示】：进入文心一言的主页后，AI（Artificial Intelligence，人工智能）会推荐一些对话的提示词模板，我们可以直接使用这些提示词模板，更好地体验文心一言的对话功能。使用推荐的提示词对话的效果，如图 1-1 所示。

图 1-1　使用推荐的提示词对话的效果

　　下面介绍使用推荐的提示词对话的具体操作方法。

STEP 01 进入文心一言主页，可以看到 AI 推荐了一些提示词模板，选择相应的提示词模板，如图 1-2 所示。

STEP 02 执行操作后，AI 会针对模板中的提示词给出相应的回答，反应速度非常快，而且回复的内容也比较贴合提示词的要求，效果请见图 1-1。

> ▶　专家指点
>
> 　　我们直接使用推荐的提示词模板，可以快速与文心一言对话，获得相关的对话内容。但是，因为推荐的提示词模板比较有限，所以这种对话方法有时候难以获得自己想要的文案内容。

图 1-2 选择相应的提示词模板

1.1.2 使用自定义提示词对话

扫码看效果　扫码看视频

【效果展示】：文心一言中的提示词又称为指令，我们除了可以使用 AI 推荐的提示词模板进行对话，还可以输入自定义的提示词与 AI 进行交流。使用自定义提示词对话的效果，如图 1-3 所示。

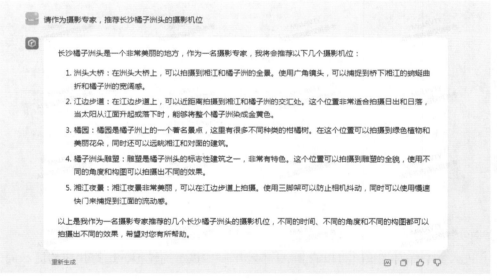

图 1-3 使用自定义提示词对话的效果

下面介绍使用自定义提示词对话的具体操作方法。

STEP 01 进入文心一言主页，在下方的输入框中输入相应的提示词，即你要 AI 帮你解决的问题或相关要求，如图 1-4 所示。

STEP 02 单击输入框右下角的"发送"按钮，或者按"Enter"键，即可获得 AI 的回复，效果请见图 1-3。

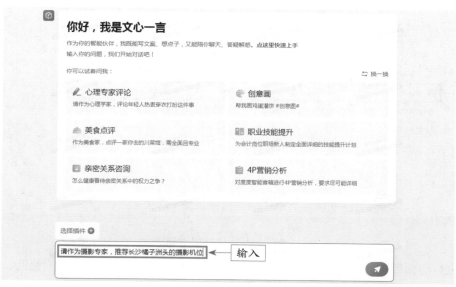

图 1-4 输入相应的提示词

1.1.3 使用 / 符号对话

【效果展示】：我们可以在文心一言的"指令中心"页面中收藏一些常用的提示词模板，这样在需要使用某些提示词时，可以直接在输入框中使用 /（正斜杠）符号获取提示词模板。使用 / 符号对话的效果，如图 1-5 所示。

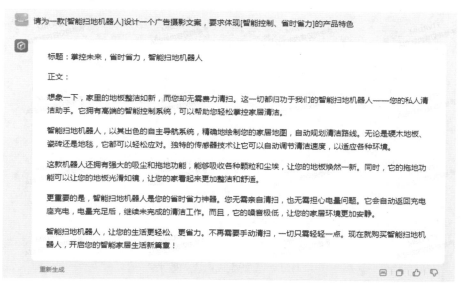

图 1-5 使用 / 符号对话的效果

下面介绍使用 / 符号对话的具体操作方法。

STEP 01 进入文心一言主页，在下方的输入框中输入"/"，在弹出的列表框中选择一个提示词模板，如图 1-6 所示。

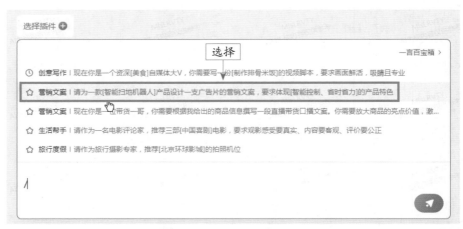

图 1-6 选择一个提示词模板

STEP 02 执行操作后，即可自动填入所选的提示词模板，对相关内容进行适当修改，单击"发送"按钮 ，即可获得 AI 的回复，效果请见图 1-5。

1.1.4 重新生成内容

扫码看效果 扫码看视频

【效果展示】：如果我们对文心一言生成的内容不太满意，可以单击"重新生成"按钮让 AI 重新回复。重新生成内容的效果，如图 1-7 所示。

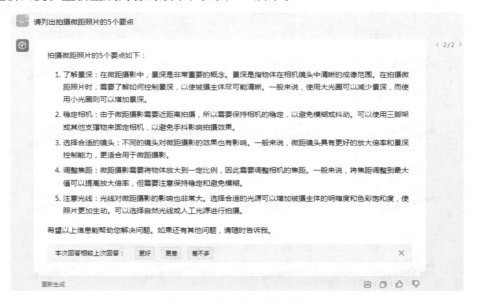

图 1-7 重新生成内容的效果

下面介绍重新生成内容的具体操作方法。

STEP 01 进入文心一言主页，输入相应的提示词，单击"发送"按钮 ，即可获得 AI 的回复，单击"重新生成"按钮，如图 1-8 所示。

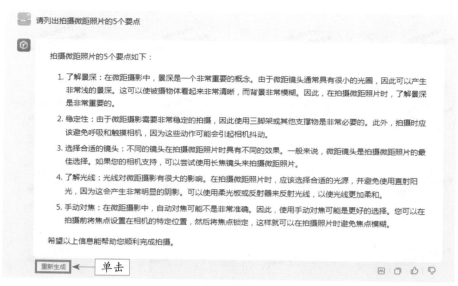

图1-8 单击"重新生成"按钮

STEP 02 执行操作后，系统会再次向 AI 发送相同的指令，同时 AI 也会重新生成相关的回复内容，效果请见图1-7。另外，我们还可以在 AI 回复内容的下方单击"更好""更差""差不多"按钮，对两次回答的内容进行对比评价。

> ▶ **专家指点**
>
> 当 AI 重新回复后，文心一言会自动保存之前回复的内容，我们可以单击右侧的"翻页"按钮 ‹ 2/2 › 进行查看。

1.2 ChatGPT 的常见用法

ChatGPT 作为一个对话机器人，拥有文本生成的功能。我们可以借助这个功能与 ChatGPT 进行对话，获得 AI 摄影的文案内容。本节将介绍 3 种常见用法，让大家快速掌握 ChatGPT 的基础使用技巧。

1.2.1 直接与 ChatGPT 对话

扫码看效果

扫码看视频

【**效果展示**】：登录 ChatGPT 后，将会打开 ChatGPT 的对话窗口，即可开始进行对话，我们可以输入任何问题或话题，ChatGPT 将尝试回答并提供与主题有关的信息。直接与 ChatGPT 对话的效果，如图1-9所示。

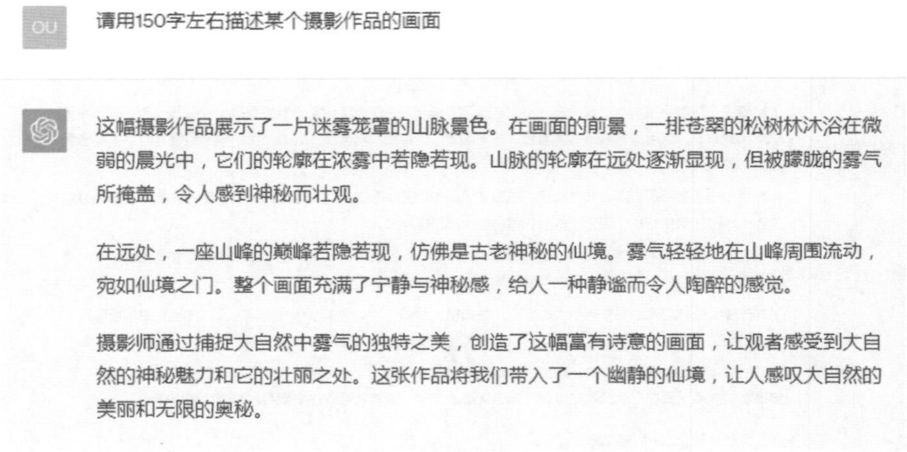

OU 请用150字左右描述某个摄影作品的画面

这幅摄影作品展示了一片迷雾笼罩的山脉景色。在画面的前景，一排苍翠的松树林沐浴在微弱的晨光中，它们的轮廓在浓雾中若隐若现。山脉的轮廓在远处逐渐显现，但被朦胧的雾气所掩盖，令人感到神秘而壮观。

在远处，一座山峰的巅峰若隐若现，仿佛是古老神秘的仙境。雾气轻轻地在山峰周围流动，宛如仙境之门。整个画面充满了宁静与神秘感，给人一种静谧而令人陶醉的感觉。

摄影师通过捕捉大自然中雾气的独特之美，创造了这幅富有诗意的画面，让观者感受到大自然的神秘魅力和它的壮丽之处。这张作品将我们带入了一个幽静的仙境，让人感叹大自然的美丽和无限的奥秘。

图 1-9 直接与 ChatGPT 对话的效果

下面介绍直接与 ChatGPT 对话的具体操作方法。

STEP 01 打开 ChatGPT 的对话窗口，单击底部的输入框，如图 1-10 所示。

图 1-10 单击底部的输入框

STEP 02 在输入框中，输入相应的关键词，如"请用 150 字左右描述某个摄影作品的画面"，如图 1-11 所示。

图 1-11 输入相应的关键词

STEP 03 单击输入框右侧的"发送"按钮▶或按"Enter"键，ChatGPT 即可根据要求生成相应的内容，效果请见图 1-9。

1.2.2　重新生成文案回复

【**效果展示**】：我们在获得 ChatGPT 的回复之后可以对其进行简单的评估，评估 ChatGPT 的回复是否具有参考价值。若觉得有效，则可以单击文本右侧的"复制"按钮 ，将文本复制出来；若觉得参考价值不大，可以单击输入框上方的"Regenerate（重新生成）"按钮，ChatGPT 将根据同一个问题生成新的回复。重新生成文案回复的效果，如图 1-12 所示。

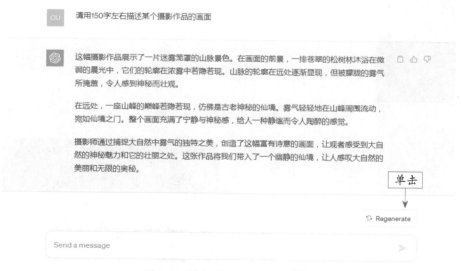

图 1-12　ChatGPT 重新生成回复内容

下面介绍重新生成文案回复的具体操作方法。

STEP 01 与 ChatGPT 进行一次对话后，单击输入框上方的"Regenerate"按钮，如图 1-13 所示。

图 1-13　单击"Regenerate"按钮

STEP 02 稍等片刻，ChatGPT 会重新生成回复内容，效果请见图 1-12。

ChatGPT 对同一个问题的二次回复会进行 "2/2" 字样的标记，若是第三次的回复则会标记 "3/3"。我们通过单击 "Regenerate" 按钮可以让 ChatGPT 对同一个问题进行多次不同的回复，以获得更有效的 AI 摄影关键词。

1.2.3 对话窗口的管理方法

扫码看效果 扫码看视频

【效果展示】：在 ChatGPT 中，我们每次登录账号后都会默认进入一个新的对话窗口，而之前建立的对话窗口则会自动保存在左侧的导航面板中，我们可以根据需要对对话窗口进行管理，包括新建、删除和重命名等。重命名对话窗口的效果，如图 1-14 所示。

图 1-14 重命名对话窗口的效果

下面介绍管理对话窗口的具体操作方法。

STEP 01 打开 ChatGPT，单击任意一个之前建立的对话窗口，单击对话窗口名称右侧的 "编辑" 按钮，如图 1-15 所示。

图 1-15 单击 "编辑" 按钮

STEP 02 执行操作后，即可呈现名称编辑文本框，在文本框中可以修改对话窗口的名称，如图 1-16 所示。

图 1-16 修改对话窗口的名称

STEP 03 单击 "确定" 按钮，即可完成对话窗口重命名操作。

▶　专家指点

　　左侧导航面板中的"删除"按钮表示将当前窗口删除。当我们单击"删除"按钮时，是将整个对话窗口删除，因此为了避免手误操作，ChatGPT 平台会弹出确认或取消的提示框。

1.3　文案提示词的编写技巧

　　ChatGPT 生成文本的关键在于我们提供的提示词（Prompt），因此我们若是想要熟练地运用 ChatGPT 生成有效的 AI 关键词，则需要先掌握一定的 ChatGPT 提示词编写技巧。本节将详细介绍 ChatGPT 提示词的编写技巧，让我们对 ChatGPT 的操作更加熟练。

1.3.1　向 ChatGPT 提供实例

　　我们在向 ChatGPT 寻求 AI 关键词帮助时，可以提供一个具体的实例让其参考，ChatGPT 识别之后便可以生成可供我们参考的关键词。

　　需要注意的是，向 ChatGPT 提供实例时，为获得有效的关键词，我们应提供正确的、可生成图像的示例。

　　例如，在 ChatGPT 的输入框中输入"画一幅现实主义画作的 AI 绘画关键词是'Realistic imagery，Caspar David Friedrich style，3D，black，white，red and blue，8K（大意为：逼真图像、卡斯帕·大卫·弗里德里希风格、3D、黑色、白色、红色和蓝色、8K 分辨率）'，请分析这段关键词包含哪些要素？"，让 ChatGPT 先熟悉关键词所包含的要素，如图 1-17 所示。

> OU　画一幅现实主义画作的AI绘画关键词是'Realistic imagery，Caspar David Friedrich style，
> 　　3D，black，white，red and blue，8K'，请分析这段关键词包含哪些要素？

> 　　这段关键词包含了以下要素：
>
> 1. "Realistic imagery"：这意味着要绘制一个具有高度现实感的画作，强调细致、准确的绘画风格，以呈现出真实世界的特征和细节。
> 2. "Caspar David Friedrich style"：这是指以德国浪漫主义画家Caspar David Friedrich的绘画风格为灵感，他的风景画强调自然景色的壮丽和情感表达。
> 3. "3D"：这表明画作需要具有立体感，可能包括透视和景深，以增强现实感。
> 4. "black, white, red and blue"：这是有关画作的色彩要素。画作可能以黑、白、红和蓝为主要色调，这些颜色的选择将在画作中产生强烈的视觉对比。
> 5. "8K"：这表明画作需要以高分辨率呈现，通常指的是8K分辨率，以确保图像的细节和清晰度。
>
> 　　综合起来，这些关键词要求创建一幅以Caspar David Friedrich的风格为基础，强调现实主义和高度细致的风景画。画作将采用黑、白、红和蓝等色彩，具有3D效果，并以8K分辨率呈现，以达到高度现实感和视觉吸引力。这将是一幅具有浪漫主义情感和现实主义绘画技巧的作品。

图 1-17　让 ChatGPT 先熟悉关键词的要素

接下来，在 ChatGPT 的同一个对话窗口中继续输入提示词，如输入"根据上述关键词，给出画一幅抽象画作的 AI 绘画关键词"，ChatGPT 会给出抽象画作的 AI 绘画关键词，如图 1-18 所示。

图 1-18 ChatGPT 给出抽象画作的 AI 绘画关键词

1.3.2 模仿优秀的艺术作品

当我们需要创作带有艺术感的 AI 绘画作品时，可以建立模仿优秀摄影师、画家、漫画家、影视导演和设计师等作品风格的思路，让 AI 绘画工具模仿优秀的艺术作品进行绘画。

尤其是涉及有故事感、意境的绘画作品时，我们可以让 ChatGPT 生成模仿某一个艺术家的风格创作出故事，然后再提炼出故事对应的场景关键词，这些场景关键词即可用作 AI 绘画的关键词。

例如，我们让 ChatGPT 模仿艺术家的创作风格来创作故事，如输入"请模仿欧·亨利的风格，写一个 200 字左右的爱情故事"，可以得到 ChatGPT 的回复，如图 1-19 所示。

图 1-19 ChatGPT 模仿艺术家的创作风格创作故事

接着，让 ChatGPT 将故事中的关键场景提炼出来，如输入"请根据上述故事，提取出 5 个可以呈现影片的关键场景"，即可得到 ChatGPT 的回复，如图 1-20 所示。

请根据上述故事，提取出5个可以呈现影片的关键场景

这个故事可以呈现为影片的关键场景包括：

1. **集市相遇**：在一个热闹的小镇集市上，艾米莉和查尔斯第一次相遇，他们的眼神交汇，引发了初见钟情的瞬间。
2. **咖啡馆对话**：艾米莉和查尔斯在一个小咖啡馆里开始了他们的深刻对话，这个场景展示了他们的个性和吸引力。
3. **夜晚漫步**：艾米莉和查尔斯在星光闪烁的夜晚一起漫步，分享彼此的梦想和渴望，这个场景充满了浪漫和亲密。
4. **分别的时刻**：生活的责任迫使艾米莉和查尔斯分开，他们在火车站或机场告别的场景，展现了他们的挣扎和感伤。
5. **重逢的时刻**：艾米莉和查尔斯最终重逢，可能是在一个美丽的风景背景下，这个场景充满了感情的高潮，证明了他们的爱情的坚韧和不朽。

这些场景可以帮助观众跟随主人公的旅程，深入了解他们的爱情故事，以及时间和距离如何考验他们的感情。

图 1-20　ChatGPT 将故事中的关键场景提炼出来

1.3.3　赋予 ChatGPT 某个身份

赋予 ChatGPT 身份，相当于给了 ChatGPT 一定的语言风格和话题内容方面的提示，让 ChatGPT 能够对接下来的对话做足准备。

例如，我们让 ChatGPT 充当一个 AI 摄影师，让它提供建筑摄影的关键词建议，那么可以在 ChatGPT 中输入"假如你是一位 AI 摄影师，请提供一些创作建筑类摄影作品的关键词建议"，可以得到 ChatGPT 的回复，如图 1-21 所示。

假如你是一位AI摄影师，请提供一些创作建筑类摄影作品的关键词建议

作为一位AI摄影师，如果你计划创作建筑类摄影作品，以下是一些关键词建议，可帮助你定义你的创作方向和风格：

1. **城市风光**：捕捉城市中的建筑景观，包括高楼大厦、街道、广场和桥梁。
2. **建筑细节**：关注建筑的细节，如窗户、门廊、装饰和纹理，以创造令人印象深刻的特写作品。
3. **现代建筑**：拍摄现代建筑的创新设计和极简主义风格，强调线条和几何形状。
4. **历史建筑**：探索古老的建筑物、城堡、教堂和古代遗迹，捕捉历史的氛围和纪念价值。
5. **建筑内部**：拍摄建筑内部，包括室内装饰、楼梯、天花板和家具，以展示建筑的内部美。
6. **光影效果**：利用光影效果，突出建筑的轮廓、阴影和反射，创造戏剧性的效果。
7. **季节和天气**：根据季节和天气条件，捕捉建筑在不同环境下的变化，如雨中的建筑、夏季阳光下的建筑等。
8. **城市夜景**：在夜晚拍摄城市建筑的照明效果，营造夜幕下的迷人氛围。
9. **建筑与自然**：将建筑与周围的自然环境相结合，创造出和谐的画面，如建筑与水景、树木或山脉的组合。
10. **人物与建筑**：在画面中加入人物，以突出建筑的尺度、比例和人与建筑之间的互动。

这些关键词可以帮助你明确拍摄建筑作品时的重点和主题，创造出引人入胜、有深度的摄影作品。同时，也可以考虑将这些关键词结合起来，创作独特而富有创意的建筑摄影系列。

图 1-21　ChatGPT 提供建筑摄影的关键词建议

再例如，我们让 ChatGPT 充当一个 AI 摄影师，让它提供摄影作品的关键词建议，那么可以在 ChatGPT 中输入“假如你是一位 AI 摄影师，请提供一些生成摄影艺术作品的关键词建议”，可以得到 ChatGPT 的回复，如图 1-22 所示。

假如你是一位AI摄影师，请提供一些生成摄影艺术作品的关键词建议

作为一位AI摄影师，如果你想生成摄影艺术作品，以下是一些关键词建议，可帮助你定义你的创作风格和主题：

1. **抽象摄影**：通过焦点、曝光和构图等技巧，创造出抽象和非传统的摄影作品。
2. **光影艺术**：利用光线和阴影的变化，捕捉戏剧性、艺术性的光影效果。
3. **自然之美**：关注大自然中的美丽景色，如山脉、森林、湖泊和日出日落。
4. **城市风光**：拍摄城市景观，强调城市的线条、建筑和灯光，创造现代城市的表现。
5. **人物肖像**：以人物为中心，通过肖像摄影捕捉情感、人物特征和表情。
6. **生活片段**：捕捉生活中的瞬间，如街头摄影、人物纪实和日常生活的片段。
7. **季节和天气**：根据季节和天气条件，拍摄不同季节和气象下的景色，如雪景、雨中和晴朗天气。
8. **黑白摄影**：创作经典的黑白摄影作品，突出构图、纹理和形式。
9. **实验性摄影**：尝试不同的摄影技巧和后期处理，创造出实验性和独特的作品。
10. **主题系列**：选择一个特定主题或概念，创建一系列摄影作品，以传达深刻的故事或思考。

这些关键词可以帮助你明确摄影艺术作品的方向和风格，以创造出富有创意和个性的摄影作品。无论你选择哪个主题，都可以尝试将不同的关键词组合起来，以展现多样化的摄影艺术风格。

图 1-22 ChatGPT 提供摄影作品的关键词建议

1.3.4 给 ChatGPT 提供种子词

种子词是指生成文章中需要包含的字词。在提示词中加入种子词，可以帮助 ChatGPT 更快地提取恰当的文本数据，从而生成更有效的答案。例如，在 ChatGPT 的输入框中输入“请根据以下种子词生成 8 个 AI 摄影关键词：专业摄影、冷暖色调、干净简洁”，随后 ChatGPT 给出了 AI 摄影关键词，如图 1-23 所示。

请根据以下种子词生成8个AI摄影关键词：专业摄影、冷暖色调、干净简洁

以下是根据你的种子词生成的8个AI摄影关键词：

1. **专业构图**
2. **冷暖色调对比**
3. **干净的线条**
4. **简洁的表达**
5. **专业设备应用**
6. **色彩干净清晰**
7. **简洁的视觉风格**
8. **冷色与暖色平衡**

这些关键词可以帮助摄影师在创作时注重专业水准，冷暖色彩的运用，以及创造干净和简洁的画面效果，从而创造出高质量、引人入胜的摄影作品。

图 1-23 ChatGPT 根据种子词给出 AI 摄影关键词

还可以优化 ChatGPT 提示词，加入具体的绘画工具。如在 ChatGPT 的输入框中输入"请根据以下种子词提供可以运用 AI 绘画软件生成图像的关键词。种子词如下：专业摄影、冷暖色调、光线柔和"，ChatGPT 会给出满足要求的 AI 绘画关键词，如图 1-24 所示。

请根据以下种子词提供可以运用AI绘画软件生成图像的关键词。种子词如下：专业摄影、冷暖色调、光线柔和

基于你的种子词，以下是可以运用AI绘画软件生成图像的关键词：

1. **摄影艺术风格**
2. **色彩温度调整**
3. **柔和光线渲染**
4. **专业摄影效果**
5. **冷暖色彩平衡**
6. **艺术化的光影**
7. **专业后期处理**
8. **光线与色彩表达**

这些关键词可以帮助AI绘画软件更好地理解你想要生成的图像风格和效果，以创造出符合专业摄影、冷暖色调和柔和光线的艺术品。

图 1-24　ChatGPT 给出满足要求的 AI 绘画关键词

1.3.5　拓宽 ChatGPT 的思维广度

如果我们需要用 ChatGPT 生成创意图像的 AI 摄影关键词，可以在提问时加上关键词"What are some alternative perspectives？（有哪些可以考虑的角度）"，引导 ChatGPT 发挥创造性，更大程度上拓宽 ChatGPT 的思维广度。

例如，在 ChatGPT 的输入框中输入"请提供能够生成星空摄影图片的 AI 绘画关键词"，ChatGPT 给出比较中规中矩的 AI 绘画的指导建议，如图 1-25 所示。

请提供能够生成星空摄影图片的AI绘画关键词

生成星空摄影图片的AI绘画关键词包括：

1. **星空夜景**：用于指导AI生成夜晚星空的场景。
2. **银河系**：以指导生成银河系中的星星和星云。
3. **星星和星座**：帮助生成明亮的星星和特定的星座。
4. **极光**：用于创建北极光或南极光的效果。
5. **星空风景**：指示AI绘制具有山脉、湖泊或其他自然元素的星空风景。
6. **星轨摄影**：生成星轨效果，强调星星的运动轨迹。
7. **夜空色调**：为画面指定冷暖的夜空色调，如蓝色或紫色。
8. **天文观测**：用于生成望远镜或天文台的场景。

这些关键词可以帮助AI绘画软件理解你希望生成的星空摄影图片的具体要求和风格，以便生成符合期望的作品。

图 1-25　ChatGPT 给出比较中规中矩的 AI 绘画的指导建议

再次提问"请提供能够生成星空摄影图片的 AI 绘画关键词，What are some alternative perspectives？"，拓宽 ChatGPT 的思路并获得相关的回复，如图 1-26 所示。

OU 请提供能够生成星空摄影图片的AI绘画关键词，What are some alternative perspectives？

生成星空摄影图片的AI绘画关键词可以包括：

1. **夜晚星空**：用于指导AI生成夜晚星空的场景。
2. **银河系**：以指导生成银河系中的星星和星云。
3. **星星和星座**：帮助生成明亮的星星和特定的星座。
4. **星空风景**：指示AI绘制具有山脉、湖泊或其他自然元素的星空风景。
5. **星轨摄影**：生成星轨效果，强调星星的运动轨迹。
6. **夜空色调**：为画面指定冷暖的夜空色调，如蓝色或紫色。
7. **天文观测**：用于生成望远镜或天文台的场景。
8. **星际飞船**：生成太空探索场景，包括星际飞船和外太空星系。
9. **星系碰撞**：创建宇宙中的星系碰撞或宇宙异象。
10. **星际旅行**：用于生成太空探险或星际旅行场景。

这些关键词可以帮助AI绘画软件理解你希望生成的星空摄影图片的不同角度和主题，以满足不同的创作需求。

图 1-26 ChatGPT 拓宽思路后给出的回复

1.4 生成 AI 摄影关键词的技巧

在 AI 摄影的绘画创作中，写关键词是比较重要的一步，如果关键词描述得不太准确，那么得到的图片就不会太精准。有些我们常常不知道如何描述对象，写关键词的时候会浪费许多时间，此时灵活使用 ChatGPT 生成 AI 绘画关键词，就可以完美解决这个问题。本节主要介绍使用 ChatGPT 生成 AI 摄影关键词的技巧。

1.4.1 通过直接提问获取关键词

扫码看效果　扫码看视频

在 AI 绘画中，关键词是一段文字或一幅简要的示意图，用于向 AI 模型提供创作的起点或灵感。关键词通常描述了期望的照片主题、风格、要素或情感等方面的信息，它的目的是引导 AI 模型在生成照片时遵循特定的方向。

写好关键词对于 AI 绘画创作至关重要，因为它可以影响生成作品的风格、内容和整体效果。一个好的关键词能够激发 AI 模型的创造力，并帮助 AI 模型准确理解我们的意图，以便更好地生成符合预期的艺术作品。通过不同类型的关键词，我们可以探索不同的创作方向，如风格化的插画、写实的风景绘画或抽象的艺术作品等。

【效果展示】：我们在生成 AI 绘画作品时，如果不知道如何写关键词，可以直接向 ChatGPT 提问，让它帮你描绘出需要的画面和场景关键词。通过直接提问获取关键词的效果，如图 1-27 所示。

形容得再细致点，重点说说色彩方面的特点

梵高《向日葵》的绘画特点关键词，重点描述色彩方面的特点：

1. **鲜艳的黄色**：画作中的向日葵花朵呈现出明亮而饱和的黄色，色彩鲜艳夺目，仿佛太阳的光芒一般。这个黄色的选择是梵高为了传达向日葵的生命力和快乐感。

2. **橙色的高光**：梵高运用橙色的高光来突出向日葵的凹凸感和质感，增强了花朵的立体感，使其看起来更加丰富和立体。

3. **深绿色背景**：对比鲜黄的向日葵，背景采用了深绿色，营造出强烈的对比。这种对比强化了向日葵的色彩，使其更加突出。

4. **分层的色彩**：梵高通过多层次的油画颜料叠加，创造出了丰富的色彩变化。这些颜色层次增加了画面的深度和复杂性，赋予了画作更多的情感和表现力。

5. **情感的体现**：这种明亮的色彩并不仅仅是客观的呈现，它还传达了梵高内心的情感。通过色彩，他表达了对大自然的热爱和对生命的赞美。

6. **后印象派的风格**：这种色彩的运用体现了后印象派的特点，即强调感觉和情感，而不是准确的自然复制。色彩在画面中扮演着情感表达的关键角色。

图 1-27 通过直接提问获取关键词的效果

下面介绍通过直接提问获取关键词的具体操作方法。

STEP 01 在 ChatGPT 的输入框中输入 "请以关键词的形式，列出梵高《向日葵》的绘画特点"，ChatGPT 给出的回答已经比较详细了，其中有许多关键词可以使用，如图 1-28 所示。

 请以关键词的形式，列出梵高《向日葵》的绘画特点

梵高《向日葵》的绘画特点关键词：

1. **鲜艳的色彩**：明亮的黄色和橙色色块，以及深绿色背景。
2. **浓重的油画笔触**：粗糙的笔触和画布上的油画层次感。
3. **静态的构图**：五朵向日葵在画布上等间距排列，构图简单而平衡。
4. **自然主题**：描绘了向日葵的自然美，表达了梵高对大自然的热爱。
5. **情感的表达**：通过色彩和笔触表达了内在的情感，传达了艺术家的情感和情感。
6. **后印象派风格**：突出了后印象派艺术风格，强调感觉和情感而不是客观复制。
7. **生命力和活力**：画中的向日葵展现出强烈的生命力和活力，吸引观者的注意。
8. **光影效果**：通过色彩的变化和笔触的运用，呈现出光影的效果，增强了画面的深度和立体感。

图 1-28 ChatGPT 列出的关于梵高《向日葵》绘画特点的关键词

STEP 02 如果需要更细致地描述一下色彩方面的特点，可以再次输入 "形容得再细致点，重点说说色彩方面的特点"。此时 ChatGPT 将对《向日葵》这幅画再次进行细致描述，又可以得到许多关键词，效果请见图 1-27，这就是直接向 ChatGPT 提问获取关键词的方法。

我们可以将图 1-27 中获取的关键词翻译为英文，并通过 Midjourney 生成相应的图片。

> ▶ **专家指点**
>
> 　　在使用 AI 绘画工具时，我们可以通过编写和调整关键词来引导 AI 模型生成符合自己需求和偏好的艺术作品。关键词的设计可以使我们更有参与感，同时也能够影响 AI 模型输出的创意和风格。

1.4.2 通过多次对话获取关键词

扫码看效果　扫码看视频

　　【效果展示】：ChatGPT 是一个功能强大的智能聊天机器人，我们可以通过不断与它对话，得到自己想要的 AI 摄影关键词。下面以"雪山风光"为例，向大家讲解如何通过多次对话获取 AI 摄影关键词。通过多次对话获取关键词的效果，如图 1-29 所示。

> OU　简短一些，仅保留关键词，并使用逗号将关键词隔开，翻译成英语

> ⑤　Snowy mountain, bright moon, vast snowfield, dancing elves, ice blue dresses, violinist, notes, ancient castle, blue light.

图 1-29　ChatGPT 的回答结果

　　下面介绍通过多次对话获取关键词的具体操作方法。

STEP 01 在 ChatGPT 的输入框中输入"请根据我给你的 idea（主意），详细描述一个富有创意的画面，然后使用逗号分隔描述里的关键词。idea：雪山风光"，ChatGPT 给出了许多文案信息，如图 1-30 所示。

> OU　请根据我给你的idea（主意），详细描述一个富有创意的画面，然后使用逗号分隔描述里的关键词。idea：雪山风光

> ⑤　在这个创意的画面中，我们看到了壮丽的雪山风光。在高耸入云的雪山山巅，一轮明亮的圆月悬挂在夜空中。山脚下是一片广袤的雪原，覆盖着洁白的积雪。
>
> 在雪山的对面，一群精灵舞者在雪原上翩翩起舞，她们穿着流动的冰蓝色裙子，宛如雪花飘舞。她们的舞姿轻盈而优美，像是在与自然交融，与雪山和月光共舞。
>
> 一位小提琴手坐在雪地上，手中的小提琴发出悠扬的旋律，奏响了美妙的音乐。音符如同雪花一般飘落，营造出神秘而迷人的氛围。
>
> 在远处的山谷中，一座古老的冰雪城堡傲然耸立，城堡的尖塔和墙壁上闪烁着寒冷的蓝光，仿佛是冰雪女王的宫殿。
>
> 这个画面中的关键词包括：雪山、明亮的圆月、雪原、精灵舞者、冰蓝色裙子、小提琴手、音符、古老的城堡、蓝光。这个画面充满了神秘和创意，展现了自然与艺术的完美结合。

图 1-30　ChatGPT 给出了许多的文案信息

STEP 02 ChatGPT 给出的文案信息过多，内容太长，下一步我们希望它能将语言精简一些，此时可以再次输入"简短一些，仅保留关键词，并使用逗号将关键词隔开，翻译成英语"，这次 ChatGPT 的回答精简了很多，并翻译成了英文，效果请见图 1-29。

复制图 1-29 中的英文关键词，在 Midjourney 中调用 imagine 指令，将关键词粘贴到 prompt（提示）输入框中，按 "Enter" 键，Midjourney 将依照输入的关键词生成对应的图片。

1.4.3 通过表格的形式生成关键词

扫码看效果　扫码看视频

【效果展示】：我们在与 ChatGPT 进行对话的时候，还可以通过表格的形式生成需要的关键词。通过表格的形式生成关键词的效果，如图 1-31 所示。

 微距摄影有哪些主题类别，请用表格回答

以下是微距摄影常见的主题类别，使用表格回答：

主题类别	描述
昆虫和小动物	捕捉微小昆虫、蜘蛛、蝴蝶和其他小型生物的特写。
植物和花卉	突出花朵、叶子、树木等植物的细节和纹理。
珠宝和首饰	拍摄珠宝、戒指、项链等精致的珠宝首饰。
食物和烹饪	捕捉食物的细节，如水果、蔬菜、糕点和烹饪过程。
矿物和宝石	拍摄矿物、宝石、晶体等坚硬物质的微观结构。
眼睛和面部特写	以微观角度拍摄人眼、面部特写，突出微小细节。
电子设备	捕捉电子设备的微小元件，如电路板、芯片和电子连接。
钟表和机械	拍摄手表、钟表机芯、机械设备的微观细节。
水滴和雨珠	通过微距镜头捕捉水滴、雨滴、露珠等的形态和反射。
艺术品和手工艺	突出绘画、雕塑、手工艺品等艺术品的微小细节。
微观摄影	拍摄微观世界中的抽象、非常规主题，如泡沫、水纹等。

这些主题类别为微距摄影提供了多样性和创意的机会，使摄影师可以探索微观世界中的奇妙之处，并捕捉微小细节。

图 1-31 通过表格的形式生成关键词的效果

下面介绍通过表格的形式生成关键词的具体操作方法。

STEP 01 在 ChatGPT 的输入框中输入 "微距摄影的画面构思分几个部分，尽量全面且详细，用表格回答"，ChatGPT 将以表格的形式给出回答，如图 1-32 所示。

STEP 02 继续向 ChatGPT 提问，让它给出具体的关键词，在 ChatGPT 的输入框中输入 "微距摄影有哪些主题类别，请用表格回答"，ChatGPT 给出了许多主题类别，效果请见图 1-31，从这些回答中可以提取关键词。

OU 微距摄影的画面构思分几个部分，尽量全面且详细，用表格回答

以下是微距摄影画面构思的详细部分，使用表格回答：

部分	描述
主题选择	选择微距摄影的主题，如昆虫、植物、珠宝等。
背景设计	选择或设置合适的背景，以突出主题，并控制景深。
光线控制	考虑光线来源和方向，使用自然光或人工光源，以获得理想的效果。
镜头和设备	选择合适的微距镜头或装备，以满足拍摄需求。
焦距和对焦点	调整焦距和对焦点，以确保主题清晰并突出。
构图和角度	考虑构图原则，如黄金分割、对称等，选择合适的拍摄角度。
快门速度和光圈	设置适当的快门速度和光圈，以控制曝光和运动模糊。
使用辅助工具	使用三脚架、遥控器或闪光灯等辅助工具，提高稳定性和控制。
后期处理	使用后期处理软件，如调整色彩、对比度和锐度，增强画面效果。

这些部分构成了微距摄影作品的全面构思，确保拍摄出高质量、精致的微距照片。

图 1-32 ChatGPT 以表格的形式给出回答

另外，我们还可以继续向 ChatGPT 提问，如针对构图、色彩、背景以及风格等提出具体的问题，提问越具体，ChatGPT 的回答越精准，生成的关键词也就越精确。

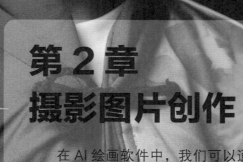

第 2 章
摄影图片创作

在 AI 绘画软件中，我们可以通过输入文字、上传图片等方式，创作出摄影图片。本章以文心一格和 Midjourney 两种 AI 绘画软件为例，为大家讲解 AI 摄影图片的创作技巧，帮助大家快速获取满意的摄影图片。

2.1 利用文心一格创作图片

文心一格具有百度在自然语言处理、图像识别等领域中积累的深厚技术和海量的数据资源，能够支持自定义关键词、画面类型、图像比例、数量等参数的设置。我们可以通过文心一格快速生成高质量的画作，而且生成的图像质量可以与人类创作的艺术品相媲美。

但需要注意的是，即使是完全相同的关键词，文心一格每次生成的画作也会有差异。本节主要介绍用文心一格创作图片的基本操作方法。

2.1.1 使用推荐模式创作图片

扫码看效果　扫码看视频

【**效果展示**】：新手在创作图片时，可以直接使用文心一格的"推荐"AI绘画模式。使用这种绘画模式，只需输入关键词（也称为创意），即可让AI自动生成图片。使用推荐模式创作的图片效果，如图2-1所示。

图 2-1 使用推荐模式创作的图片效果

下面介绍使用推荐模式创作图片的具体操作方法。

STEP 01 登录文心一格，单击"立即创作"按钮，进入"AI 创作"页面，❶在输入框中输入相应的关键词，如"微距摄影，花朵，高分辨率，光线柔和"；❷单击"立即生成"按钮，如图 2-2 所示。

STEP 02 稍等片刻，即可生成相应的图片效果，具体请见图 2-1。

> ▶ **专家指点**
>
> 图片生成后，如果对图片不满意，可以单击"立即生成"按钮，再次进行生成；如果想详细查看图片效果，还可以单击图片，查看图片的放大效果。

图 2-2　使用推荐模式创作图片的具体操作方法

2.1.2　使用自定义模式创作图片

【**效果展示**】：使用文心一格的"自定义"AI 绘画模式，我们可以设置更多的关键词和参数，从而让生成的图片效果更加符合自己的需求。使用自定义模式创作的图片效果，如图 2-3 所示。

图 2-3　使用自定义模式创作的图片效果

下面介绍使用自定义模式创作图片的具体操作方法。

STEP 01 进入"AI 创作"页面，❶ 切换至"自定义"选项卡；❷ 在输入框中输入相应的关键词，如"运动鞋，白色，商品摄影，超细节，超高分辨率"；❸ 设置"选择 AI 画师"为"创艺"；❹ 单击"立即生成"按钮，如图 2-4 所示。

图 2-4 使用自定义模式创作图片的具体操作方法

STEP 02 稍等片刻，即可生成自定义的 AI 绘画作品，效果请见图 2-3。

2.1.3 通过上传参考图创作图片

扫码看效果　扫码看视频

【效果展示】：使用文心一格的"上传参考图"功能，我们可以上传任意一张图片，通过文字描述想修改的地方，实现类似的图片效果。通过上传参考图创作的图片效果，如图 2-5 所示。

图 2-5 通过上传参考图创作的图片效果

下面介绍通过上传参考图创作图片的具体操作方法。

STEP 01 在"AI 创作"页面的"自定义"选项卡中，❶在输入框中输入相应的关键词，如"荷花，中心构图，柔和的光线"；❷设置"选择 AI 画师"为"创艺"；❸单击"上传参考图"下方的██按钮，如图 2-6 所示。

图 2-6　通过上传参考图创作图片的具体操作方法

STEP 02 执行操作后，弹出"打开"对话框，选择相应的参考图，如图 2-7 所示。

图 2-7　选择相应的参考图

STEP 03 单击"打开"按钮上传参考图，并设置"影响比重"为"7"，如图 2-8 所示，该数值越大参考图的影响就越大。

STEP 04 ❶在"自定义"选项卡下方继续设置"尺寸"为"16：9"、"数量"为"1"；❷单击"立即生成"按钮，如图 2-9 所示。

图 2-8 设置"影响比重"选项

图 2-9 设置参数并单击"立即生成"按钮

STEP 05 执行操作后，即可根据参考图生成类似的图片，效果请见图 2-5。

2.2 利用 Midjourney 创作图片

　　Midjourney 是一个通过人工智能技术进行绘画创作的工具，我们可以在其中输入文字、图片等提示内容，它就能创作出符合要求的图片。如果我们想要生成高质量的图像，则需要大量的训练 AI 模型和深入了解艺术设计的相关知识。本节将介绍 6 种 Midjourney 的基础操作，帮助大家快速创作出优质的图片。

2.2.1　使用文字内容创作图片

【效果展示】：Midjourney 主要使用 imagine 指令和关键词等文字内容来完成 AI 绘画创作，我们应尽量输入英文关键词。注意，AI 模型对于英文单词的首字母大小写没有要求，但每个关键词中间要添加一个逗号（英文字体格式）或空格。使用文字内容创作图片的效果，如图 2-10 所示。

图 2-10　使用文字内容创作图片的效果

下面介绍使用文字内容创作图片的具体操作方法。

STEP 01 在 Midjourney 页面下方的输入框中输入"/"，在弹出的列表框中，选择"imagine"指令，如图 2-11 所示。

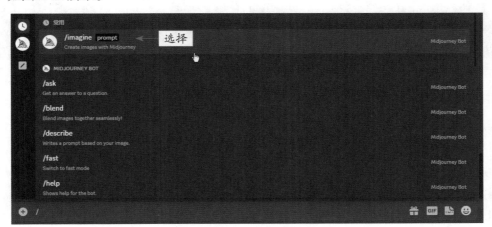

图 2-11　选择"imagine"指令

STEP 02 在"imagine"指令后方的 prompt 输入框中输入相应的关键词，如图 2-12 所示。

27

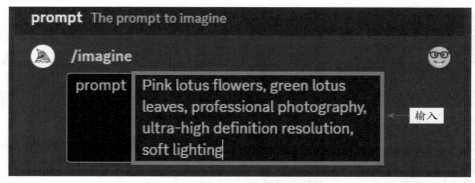

图 2-12 输入相应的关键词

STEP 03 按 "Enter" 键确认，即可看到 Midjourney Bot 已经开始工作，并显示图片的生成进度，如图 2-13 所示。

STEP 04 稍等片刻，Midjourney 将生成 4 张对应的图片。单击 "V3" 按钮，如图 2-14 所示。"V1 ～ V4" 按钮的功能是以所选的图片样式为模板重新生成 4 张图片。

图 2-13 显示图片的生成进度 　　　　图 2-14 单击 V3 按钮

STEP 05 执行操作后，Midjourney 将以第 3 张图片为模板，重新生成 4 张新图片，如图 2-15 所示。

STEP 06 如果我们对于重新生成的图片都不满意，可以单击 "循环" 按钮，如图 2-16 所示。此时，Midjourney 可能会弹出申请对话框，我们只需单击 "提交" 按钮即可。

STEP 07 执行操作后，Midjourney 会再次重新生成 4 张图片，单击 "U4" 按钮，如图 2-17 所示。

STEP 08 执行操作后，Midjourney 将在第 4 张图片的基础上进行更加精细的刻画，并放大图片，效果如图 2-18 所示。

图 2-15　重新生成 4 张图片

图 2-16　单击"循环"按钮

图 2-17　单击"U4"按钮

图 2-18　放大图片后的效果

STEP 09 我们可以继续单击下方的功能按钮，再次生成新的图片。例如，单击"Vary（Strong）"按钮并提交表单之后，将以该张图片为模板，重新生成变化较大的 4 张图片；单击 Vary（Subtle）按钮并提交表单之后，则会重新生成变化较小的 4 张图片，如图 2-19 所示。Vary Strong 的意思是：强烈的变化；Vary Subtle 的意思是微妙的变化。

STEP 10 单击对应的 U 按钮，可以更加精细地进行刻画并放大图片。单击图 2-19 中两张图的"U1"按钮，效果请见图 2-10。

图 2-19 重新生成变化较大和变化较小的图片

2.2.2 通过以图生图创作图片

扫码看效果　扫码看视频

【效果展示】：在 Midjourney 中，我们可以使用"describe"指令获取图片的提示，然后再根据提示内容和图片链接来生成类似的图片，这个过程称为以图生图，也称为"垫图"。需要注意的是，提示词就是关键词或指令的统称，也称为"咒语"。通过以图生图创作的图片效果，如图 2-20所示。

图 2-20 通过以图生图创作的图片效果

下面介绍通过以图生图创作图片的具体操作方法。

STEP 01 在 Midjourney 页面下方的输入框中输入 "/"，在弹出的列表框中选择 "describe" 指令，如图 2-21 所示。

STEP 02 执行操作后，单击 "上传" 按钮 ，如图 2-22 所示。

图 2-21　选择 "describe" 指令

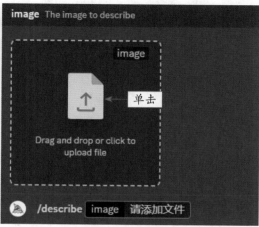

图 2-22　单击 "上传" 按钮

STEP 03 执行操作后，弹出 "打开" 对话框，选择相应的图片，如图 2-23 所示。

STEP 04 单击 "打开" 按钮，将图片添加到 Midjourney 的输入框中，如图 2-24 所示，按两次 "Enter" 键。

图 2-23　选择相应的图片

图 2-24　添加到 Midjourney 的输入框中

STEP 05 执行操作后，Midjourney 会根据上传的图片生成 4 段关键词，如图 2-25 所示。我们可以通过复制关键词或单击下面的 "1 ～ 4" 按钮，以该图片为模板生成新的图片。

STEP 06 单击生成的图片，在弹出的预览图中单击鼠标右键，在弹出的快捷菜单中选择 "复制图片地址" 选项，如图 2-26 所示，复制图片链接。

STEP 07 执行操作后，在图片下方单击 "1" 按钮，如图 2-27 所示。

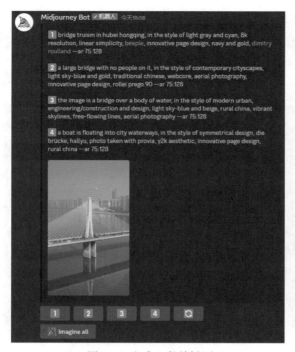

图 2-25 生成 4 段关键词

图 2-26 单击"复制图片地址"选项

STEP 08 弹出"Imagine This!"对话框，在 PROMPT 输入框中关键词的前面粘贴复制的图片链接，如图 2-28 所示。注意，图片链接和关键词中间要添加一个空格。如果有需要，还可以对关键词进行修改。

图 2-27 单击"1"按钮

图 2-28 粘贴复制的图片链接

STEP 09 单击"提交"按钮，以参考图为模板生成 4 张图片，如图 2-29 所示。

STEP 10 单击"U3"按钮，放大第 3 张图片，效果请见图 2-20。

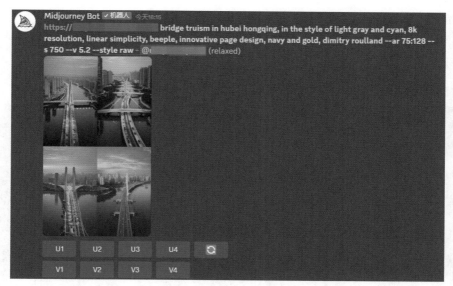

图 2-29　生成 4 张图片

2.2.3　通过混合多张图片创作图片

【效果展示】：在 Midjourney 中，可以使用 "blend" 指令快速上传 2 ~ 5 张图片，然后查看每张图片的特征，并将它们混合生成一张新的图片。通过混合多张图片创作的图片效果，如图 2-30 所示。

图 2-30　通过混合多张图片创作的图片效果

下面介绍通过混合多张图片创作图片的具体操作方法。

STEP 01 在 Midjourney 下面的输入框中输入"/"，在弹出的列表框中选择"blend"指令，如图 2-31 所示。

STEP 02 执行操作后，出现两个图片框，单击左侧的"上传"按钮，如图 2-32 所示。

图 2-31 选择"blend"指令

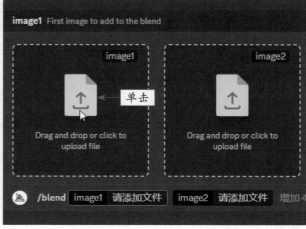

图 2-32 单击"上传"按钮

STEP 03 执行操作后，弹出"打开"对话框，❶选择相应的图片；❷单击"打开"按钮，如图 2-33 所示。

STEP 04 将图片添加到左侧的图片框中，并用同样的操作方法在右侧的图片框中添加一张图片，如图 2-34 所示。

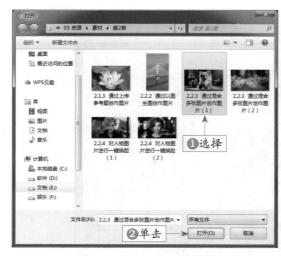

图 2-33 单击"打开"按钮

图 2-34 添加两张图片

STEP 05 按"Enter"键，Midjourney 会自动完成图片的混合操作，并生成 4 张新的图片，这是没有添加任何图像描述指令的效果，如图 2-35 所示。

STEP 06 单击"U4"按钮，放大第 4 张图片，效果请见图 2-30。

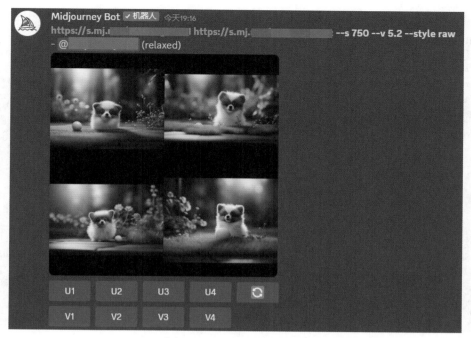

图 2-35 生成 4 张新的图片

2.2.4 对人物图片进行一键换脸

扫码看效果　扫码看视频

【效果展示】：InsightFaceSwap 是一款专门针对人像处理的 Discord 官方插件，它能够批量且精准地替换人物脸部，同时不会改变图片中的其他内容。对人物图片进行一键换脸，效果如图 2-36 所示。

图 2-36 对人物图片进行一键换脸的效果

STEP 01 在 Midjourney 下面的输入框中输入"/"，在弹出的列表框中，单击左侧的 "InsightFaceSwap"图标 ■，如图 2-37 所示。

STEP 02 执行操作后，在列表框中选择"saveid（保存 ID）"指令，如图 2-38 所示。

图 2-37 单击"InsightFaceSwap"图标

图 2-38 选择"saveid"指令

STEP 03 输入相应的 idname（身份名称），如图 2-39 所示。idname 可以为任意 8 位以内的英文字符和数字。

STEP 04 单击"上传"按钮 ■，上传一张面部清晰的人物图片，如图 2-40 所示。

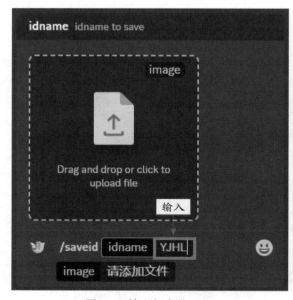

图 2-39 输入相应的 idname

图 2-40 上传一张人物图片

STEP 05 按"Enter"键，即可成功创建 idname，如图 2-41 所示。

STEP 06 使用"imagine"指令生成人物肖像图片，并放大其中一张图片，效果如图 2-42 所示。

图 2-41 创建 idname

图 2-42 放大图片

STEP 07 在图片上单击鼠标右键,在弹出的快捷菜单中选择"APP(应用程序)"|"INSwapper(替换目标图像的面部)"选项,如图 2-43 所示。

STEP 08 执行操作后,Insight Face Swap 机器人即可替换人物面部,效果如图 2-44 所示。

图 2-43 选择"INSwapper"选项

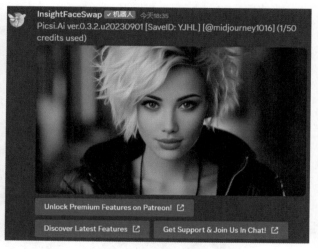

图 2-44 替换人物面部

STEP 09 另外,我们也可以在 Midjourney 下面的输入框中输入"/",在弹出的列表框中选择"swapid(换脸)"指令,如图 2-45 所示。

STEP 10 执行操作后,输入刚才创建的 idname,并上传想要替换人脸的底图,效果如图 2-46 所示。

STEP 11 按"Enter"键,即可调用 InsightFaceSwap 机器人替换底图中的人脸,效果请见图 2-36。

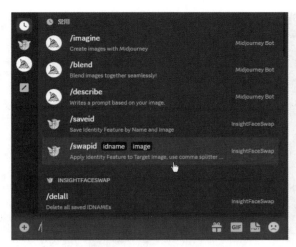

图 2-45 选择"swapid"指令　　　　　　　　图 2-46 上传想要替换人脸的底图

2.2.5 使用种子值生成相关的图片

扫码看效果　扫码看视频

在使用 Midjourney 生成图片时，会有一个从模糊的"噪点"逐渐变得具体、清晰的过程，而这个"噪点"的起点就是"种子"，即 seed，Midjourney 依靠它来创建一个"视觉噪音场"，作为生成初始图片的起点。

【效果展示】：种子值是 Midjourney 为每张图片随机生成的，但可以使用"--seed 指令"指定。在 Midjourney 中使用相同的种子值和关键词，将产生相同的出图结果，利用这点我们可以生成连贯一致的人物形象或者场景。使用种子值生成图片的效果，如图 2-47 所示。

图 2-47 使用种子值生成图片的效果

下面介绍使用种子值生成图片的操作方法。

STEP 01　在 Midjourney 中生成相应的图片后，在该消息上方单击"添加反应"图标 ，如图 2-48 所示。

STEP 02　执行操作后，弹出"反应"对话框，如图 2-49 所示。

图 2-48　单击"添加反应"图标　　　　　　　图 2-49　"反应"对话框

STEP 03　在搜索框中输入"envelope（信封）"，并单击搜索结果中的"信封"图标 ，如图 2-50 所示。

STEP 04　执行操作后，Midjourney Bot 将会给我们发送一个消息，单击"私信"图标，如图 2-51 所示，可以查看消息。

图 2-50　单击"信封"图标　　　　　　　图 2-51　单击"私信"图标

STEP 05　执行操作后，即可看到 Midjourney Bot 发送的 Job ID（作业 ID）和图片的种子值，如图 2-52 所示。

STEP 06 对关键词进行调整，通过"imagine"指令在关键词的结尾处加上"--seed"指令，指令后面输入图片的种子值，然后再生成新的图片，效果如图 2-53 所示。

图 2-52 Midjourney Bot 发送的种子值　　　　　　图 2-53 生成新的图片

STEP 07 单击"U1"按钮，放大第 1 张图片，效果请见图 2-47。

扫码看效果　扫码看视频

2.2.6 将关键词保存在某个标签中

【效果展示】：在通过 Midjourney 进行 AI 绘画时，我们可以使用"prefer option set（首选选项设置）"指令，将一些常用的关键词保存在一个标签中，这样每次绘画时就不用重复输入相同的关键词。使用某个标签生成的图片，效果如图 2-54 所示。

图 2-54 使用某个标签生成的图片效果

下面介绍将关键词保存在某个标签中并生成图片的操作方法。

STEP 01 在 Midjourney 下面的输入框中输入"/"，在弹出的列表框中选择"prefer option set"指令，如图 2-55 所示。

STEP 02 执行操作后，在 option（选项）的输入框中输入相应的名称，如 BQ1，如图 2-56 所示。

图 2-55 选择"prefer option set"指令

图 2-56 输入相应的名称

STEP 03 单击"增加 1"按钮，在上方的选项列表框中选择"value（参数值）"选项，如图 2-57 所示。

图 2-57 选择"value"选项

STEP 04 执行操作后，在 value 输入框中输入相应的关键词，如图 2-58 所示。注意，这里的关键词就是我们所要添加的一些固定的指令。

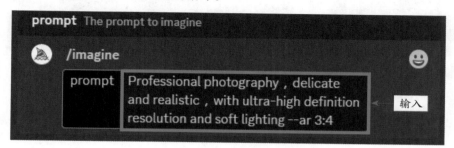

图 2-58 输入相应的关键词

STEP 05 按"Enter"键，即可将上述关键词存储到 Midjourney 的服务器中，如图 2-59 所示，从而给这些关键词添加一个统一的标签，标签名称是 BQ1。

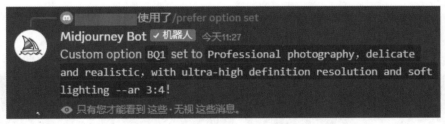

图 2-59 储存关键词并添加标签

STEP 06 通过"imagine"指令输入相应的关键词，然后在关键词的后面输入"--BQ1"指令，即可调用标签关键词，如图 2-60 所示。

图 2-60 调用标签关键词

STEP 07 按"Enter"键，即可生成相应的图片，效果如图 2-61 所示。可以看到，Midjourney 在绘画时会自动添加 BQ1 标签中的关键词。

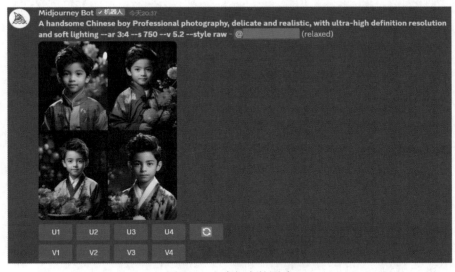

图 2-61 生成相应的图片

STEP 08 单击"U2"按钮，放大第 2 张图片，效果请见图 2-54。

第 3 章
AI 摄影短视频创作

随着 AI 技术的深入研发，AI 可以实现自动编辑视频、场景识别和图像增强等功能，这意味着 AI 摄影作品可以通过 AI 自动地转为短视频，进一步拓展了 AI 的应用场景。本章主要介绍使用剪映软件制作 AI 摄影短视频的方法，帮助大家提高短视频的制作效率。

3.1 利用剪映生成 AI 短视频

剪映拥有强大的 AI 视频制作功能，它可以快速剪辑、调整画面，添加文字和音乐，打造精彩纷呈的视频效果。本节以制作一个以中餐馆美食宣传为主题的短视频为例，讲解 AI 从文案关键词到图片素材再到运用剪映生成短视频的制作方法。

3.1.1 获得绘画文案关键词

扫码看效果　扫码看视频

【效果展示】：在制作图片或短视频之前，我们需要先描述画面主体，告诉 AI 我们需要创作一个什么样的东西，要把画面的主体内容讲清楚。例如，我们要创作中餐馆美食的图片素材，可以先让 ChatGPT 帮我们生成绘画的文案关键词，如图 3-1 所示。

 请将上述绘画文案关键词翻译为英文

Here are the keywords for the painting description of "Stir-Fried Chili Pepper Pork" translated into English:

Passionate Culinary Art, Tender Meat Slices, Colorful Chili Peppers, Aroma Filling the Air, Explosive Colors, Dance of Gastronomy, Tempting Taste Buds, Spicy Delicacy, Creative Cooking, Enchanting Flavor, Chinese Cuisine, Feast on the Table.

图 3-1 获得绘画文案关键词

下面介绍获得绘画文案关键词的具体操作方法。

STEP 01 在 ChatGPT 的输入框中输入关键词，如输入"请你充当 AI 绘画师，提供一道辣椒炒肉的绘画文案关键词，字数在 50 字以内"，如图 3-2 所示。

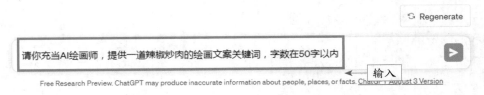

图 3-2 在输入框中输入指令（1）

STEP 02 单击"发送"按钮 ，稍等片刻，ChatGPT 会给出辣椒炒肉的绘画文案关键词，如图 3-3 所示。

STEP 03 在 ChatGPT 的输入框中继续输入"请将上述绘画文案关键词翻译为英文"，如图 3-4 所示，让 ChatGPT 提供翻译帮助。

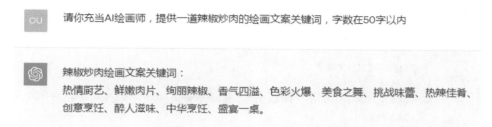

图 3-3　ChatGPT 给出辣椒炒肉的绘画文案关键词

图 3-4　在输入框中输入指令（2）

▶　**专家指点**

当我们对 ChatGPT 给出的文案内容不太满意时，可以单击 "Regenerate" 按钮，让 ChatGPT 重新生成文案内容。

STEP 04 在新的指令下，ChatGPT 会按照要求给出英文翻译，效果请见图 3-1。

在获得 ChatGPT 的回复并确认无错误后，即可将其复制粘贴至 Midjourney 中作为绘画指令备用。

运用同样的方法，可以让 ChatGPT 提供小炒黄牛肉、红烧鱼和麻婆豆腐的绘画文案关键词，效果如图 3-5 所示。还可以根据自己的需求，从中提炼出不同中餐美食对应的指令，再运用 ChatGPT 翻译为英文，做好 AI 绘画准备。

OU 请你充当AI绘画师，提供一道红烧鱼的绘画文案关键词，字数在50字以内

红烧鱼的绘画文案关键词：

鱼肉鲜美，色泽红亮，红烧汁浓郁，香气四溢，葱姜蒜香，滋味醇厚，餐桌佳肴，中华美食，诱人风味。

OU 请将上述绘画文案关键词翻译为英文

The keywords for the painting caption of "Braised Fish" in English:

Delicious fish, vibrant color, rich braising sauce, fragrant aroma, the essence of scallion, ginger, and garlic, rich flavor, a culinary delight, Chinese cuisine, tempting taste.

OU 请你充当AI绘画师，提供一道麻婆豆腐的绘画文案关键词，字数在50字以内

麻婆豆腐的绘画文案关键词：

浓郁红油，麻辣四溢，豆腐嫩滑，肉香飘馥，青蒜香葱点缀，鲜美搭配，亚洲美食，风味独特，勾起食欲。

OU 请将上述绘画文案关键词翻译为英文

The keywords for the painting caption of "Mapo Tofu" in English:

Rich red oil, spicy and numbing, silky tofu, savory meat fragrance, garnished with green onions and garlic, delicious combination, Asian cuisine, unique flavor, tantalizing the appetite.

图 3-5 ChatGPT 给出其他菜品的绘画文案关键词

3.1.2 生成摄影图片素材

扫码看效果　扫码看视频

【效果展示】：借助 ChatGPT 或文心一言生成相应的文案关键词以后，接下来可以利用 AI 绘画软件（如 Midjourney）绘制出我们需要的图片，如图 3-6 所示。

图 3-6　生成摄影图片素材

下面介绍利用 Midjourney 生成摄影图片素材的具体操作方法。

STEP 01　在 Midjourney 中通过"imagine"指令输入 ChatGPT 提供的第一道中餐美食的关键词，按"Enter"键，Midjourney 将生成 4 张辣椒炒肉的图片，如图 3-7 所示。

STEP 02　在生成的 4 张图片中，选择一张最合适的，这里选择第 1 张，单击"U1"按钮，如图 3-8 所示。

图 3-7　生成 4 张辣椒炒肉的图片

图 3-8　单击 U1 按钮

STEP 03　执行操作后，Midjourney 将在第 1 张图片的基础上进行更加精细的刻画，并放大图片，效果请见图 3-6。

运用同样的方法可以利用 Midjourney 生成小炒黄牛肉、红烧鱼和麻婆豆腐的图片，效果分别如图 3-9、图 3-10 和图 3-11 所示。

图 3-9　小炒黄牛肉的图片

图 3-10　红烧鱼的图片

图 3-11　麻婆豆腐的图片

3.1.3　制作摄影短视频

扫码看效果　扫码看视频

【效果展示】：使用剪映的"模板"功能，可以快速生成各种类型的视频，而且可以替换模板中的视频或图片素材，轻松地编辑和分享自己的美食短视频作品。制作的摄影短视频的截图，如图 3-12 所示。

图 3-12 制作的摄影短视频的截图

下面介绍制作中餐馆美食摄影短视频的具体操作方法。

STEP 01 在计算机上打开剪映软件,在首页左侧的导航栏中,单击"模板"按钮,如图 3-13 所示。

图 3-13 单击"模板"按钮

▶ 专家指点

　　使用模板可以确保短视频在视觉风格和餐厅形象上的统一性,增强餐厅的识别度和专业形象,从而达到宣传的效果。

STEP 02 执行操作后,进入"模板"界面,设置相关信息,对模板进行筛选,如图 3-14 所示。

图 3-14 设置模板的相关信息

STEP 03 按"Enter"键，即可搜索到相关的视频模板，选择相应的模板，单击"使用模板"按钮，如图 3-15 所示。

图 3-15 单击"使用模板"按钮

STEP 04 执行操作后，即可下载该模板，并进入"模板编辑"界面，在"时间线"窗口中单击第 1 个视频片段的"导入"按钮 ➕，如图 3-16 所示。

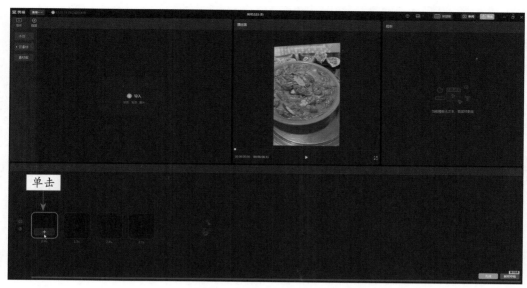

图 3-16 单击"导入"按钮

STEP 05 执行操作后，会弹出"请选择媒体资源"对话框，在该对话框中选择相应的图片素材，如图 3-17 所示。

STEP 06 单击"打开"按钮，即可将该图片素材添加到视频片段中，同时导入到本地媒体资源库中，如图 3-18 所示。

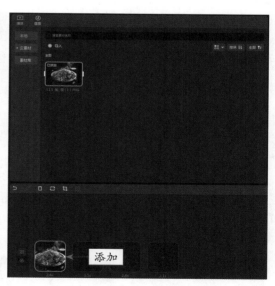

图 3-17 选择相应的图片素材

图 3-18 添加相应的素材文件

STEP 07 使用同样的操作方法，添加其他的图片素材，单击"完成"按钮，如图 3-19 所示，即可完成视频的制作。

STEP 08 在"播放器"窗口中，单击"播放"按钮▶，即可预览中餐馆美食摄影短视频，视频截图如图 3-12 所示。

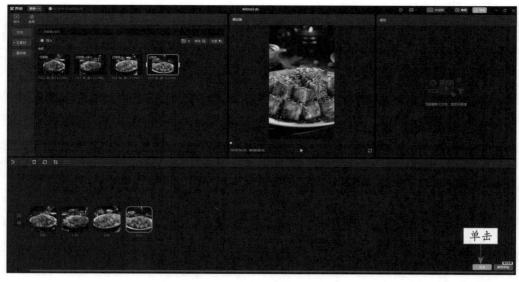

图 3-19 单击"完成"按钮

3.2 剪映软件的 AI 短视频新玩法

除了使用模板生成 AI 短视频，剪映软件还提供了其他的 AI 短视频新玩法。我们可以运用剪映的"图文成片"功能，输入文字和图片生成有美感的视频。同时，剪映的"视频编辑"功能和"图片玩法"功能也能将图片制作成美观、有趣的视频。本节将介绍运用剪映制作 AI 短视频的玩法。

3.2.1 使用文字制作公益短视频

扫码看效果

扫码看视频

【效果展示】：剪映具有强大的"文字成片"功能，我们只需输入相应的文案内容，剪映即可利用 AI 技术给文案配图、配音和配乐，我们只需替换其中的内容即可快速生成自己的视频作品，大大减少了视频编辑的时间和工作量。使用文字制作公益短视频的截图，如图 3-20 所示。

图 3-20 使用文字制作公益短视频的截图

下面介绍使用文字制作保护大熊猫公益短视频的具体操作方法。

STEP 01 在计算机上打开剪映软件，在首页单击"文字成片"按钮，如图 3-21 所示。

图 3-21 单击"文字成片"按钮

STEP 02 执行操作后，在弹出的"文字成片"对话框中，输入视频文案，如图 3-22 所示。

STEP 03 ❶单击"生成视频"按钮；在"生成视频"的展开菜单中，❷选择"智能匹配素材"选项，如图 3-23 所示，让 AI 根据文字智能匹配视频内容，生成视频的雏形。

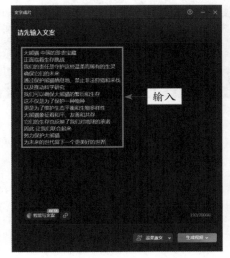

图 3-22 输入视频文案　　　　　　　　图 3-23 选择"智能匹配素材"选项

STEP 04 稍等片刻，剪映会自动调取素材生成视频的雏形，如图 3-24 所示。

图 3-24 生成视频的雏形

STEP 05 将鼠标定位在第一个素材上，单击"鼠标右键"，在弹出的快捷菜单中选择"替换片段"选项，如图 3-25 所示，将图文不太相符的素材替换掉。

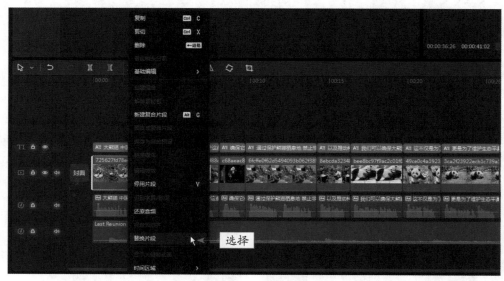

图 3-25 选择"替换片段"选项

STEP 06 执行操作后，弹出"请选择媒体资源"对话框，❶选择相应的图片素材；❷单击"打开"按钮，如图 3-26 所示。

STEP 07 在弹出的"替换"对话框中，单击"替换片段"按钮，即可将该图片素材替换到视频片段中，同时导入到本地媒体资源库中，如图 3-27 所示。运用这种方法，可以将其他不合适的素材替换掉。

STEP 08 在"播放器"窗口中，单击"播放"按钮▶，预览视频效果。确认视频无误后，可以单击"导出"按钮，导出视频。

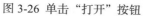

图 3-26　单击"打开"按钮

图 3-27　替换相应的素材文件

3.2.2　使用图片制作变身短视频

扫码看效果　扫码看视频

【效果展示】：剪映 App 的"图片玩法"功能可以为图片添加不同的趣味玩法，例如将真人变成漫画人物。使用图片制作变身短视频的截图，如图 3-28 所示。

图 3-28　使用图片制作变身短视频的截图

下面介绍使用图片制作变身短视频的具体操作方法。

STEP 01　在手机上打开剪映 App，点击"开始创作"按钮，如图 3-29 所示。

STEP 02 执行操作后，在"最近项目"选项卡中，❶选择一张图片素材；❷点击"添加(1)"按钮，如图 3-30 所示。

图 3-29 点击"开始创作"按钮　　　　图 3-30 点击"添加(1)"按钮

STEP 03 进入视频处理界面，❶选中素材；❷点击"复制"按钮，如图 3-31 所示，将图片素材复制一份。

STEP 04 返回一级工具栏，在视频起始位置依次点击"音频"按钮和"音乐"按钮，如图 3-32 所示。

图 3-31 点击"复制"按钮　　　　图 3-32 点击"音乐"按钮

STEP 05 执行操作后，选择"国风"选项，如图 3-33 所示，进入相应界面。

STEP 06 选择一个合适的音乐，点击所选音乐右侧的"使用"按钮，如图 3-34 所示，将音乐添加到音频轨道中。

图 3-33 选择"国风"选项

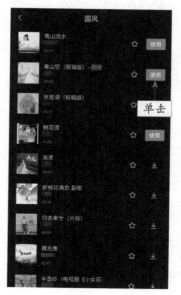

图 3-34 点击"使用"按钮

STEP 07 执行操作后，拖曳时间轴至视频的末尾处，点击"分割"按钮，如图 3-35 所示。

STEP 08 执行操作后，❶选中后半部分音乐；❷点击"删除"按钮，如图 3-36 所示，将多余的音乐删除。

图 3-35 点击"分割"按钮

图 3-36 点击"删除"按钮

STEP 09 点击素材中间的" | "按钮，弹出"转场"面板，在"光效"选项卡中，❶选择"炫光"转场；❷点击"✓"按钮，如图 3-37 所示，为视频添加一个转场。

STEP 10 返回一级工具栏，拖曳时间轴至视频的起始位置，依次点击"特效"按钮和"画面特效"按钮，如图 3-38 所示。

图 3-37 点击"☑"按钮（1）

图 3-38 选择"画面特效"特效

STEP 11 在"基础"选项卡中，❶选择"变清晰"特效；❷点击"☑"按钮，如图 3-39 所示，为第 1 段素材添加特效。

STEP 12 执行操作后，会显示"变清晰"特效的使用范围，根据需求调整该特效的使用范围，如图 3-40 所示。

图 3-39 点击"☑"按钮（2）

图 3-40 调整特效的使用范围

STEP 13 拖曳时间轴至第 2 段素材的起始位置，在特效工具栏中点击"图片玩法"按钮，如图 3-41 所示。

STEP 14 执行操作后，在"AI 写真"选项卡中，❶选择"异域"选项；❷点击"☑"按钮，如图 3-42 所示，即可为第 2 段素材添加相应的玩法，让人物进行变身。

图 3-41 点击"图片玩法"按钮

图 3-42 点击"✓"按钮（3）

STEP 15 单击"播放"按钮▶，预览视频。

摄影优化篇

第 4 章
参数优化

每个 AI 绘画工具中都有对应的参数设置，我们可以借助这些参数设置对 AI 摄影图片的效果进行优化。本章将以文心一格和 Midjourney 为例，为大家讲解参数设置的技巧，帮助大家快速优化 AI 摄影图片的效果。

4.1 文心一格的参数设置

在利用文心一格生成图片时，我们可以根据自身需求对相关参数进行设置。文心一格中可以设置的参数比较多，包括图片的画面类型、比例和数量、画面风格、修饰词、艺术家、不希望出现的内容等。我们在创作图片时，可以单独设置某个参数，也可以同时设置多个参数。本节就为大家介绍文心一格的参数设置技巧，帮助大家创作出更加优质的图片。

4.1.1 设置图片的画面类型

扫码看效果　扫码看视频

【效果展示】：文心一格支持的画面类型非常多，包括"智能推荐""唯美二次元""中国风""艺术创想""明亮插画""梵高""超现实主义""插画""像素艺术""炫彩插画"等。设置图片画面类型的效果，如图 4-1 所示。

图 4-1　设置图片画面类型的效果

下面介绍设置图片画面类型的具体操作方法。

STEP 01 进入"AI 创作"页面，❶在输入框中输入相应的关键词；❷在"画面类型"选项区中，单击"更多"按钮，如图 4-2 所示。

STEP 02 执行操作后，即可展开"画面类型"选项区，在其中选择"艺术创想"选项，如图 4-3 所示。

STEP 03 单击"立即生成"按钮，即可生成一幅"艺术创想"风格的 AI 绘画作品，效果请见图 4-1。

图 4-2 单击"更多"按钮

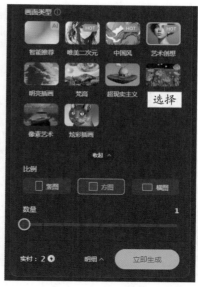

图 4-3 选择"艺术创想"选项

4.1.2 设置图片的比例和数量

扫码看效果　　扫码看视频

【效果展示】：在文心一格中除了可以选择多种画面类型，还可以设置图片的比例（竖图、方图和横图）和数量（最多 9 张）。设置图片的比例和数量，效果如图 4-4 所示。

图 4-4 设置图片的比例和数量

下面介绍设置图片比例和数量的具体操作方法。

STEP 01 进入"AI 创作"页面，❶在输入框中输入相应的关键词；❷设置"比例"为"方图"、"数量"为"2"，如图 4-5 所示。

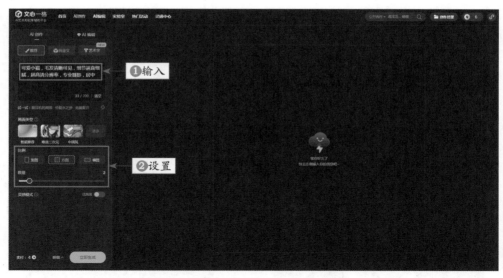

图 4-5 设置"比例"和"数量"选项

STEP 02 单击"立即生成"按钮,即可生成两幅 AI 绘画作品,效果请见图 4-4。

4.1.3 设置图片的画面风格

扫码看效果　扫码看视频

【效果展示】:在文心一格的"自定义"AI 绘画模式中,输入关键词后,可以使用"上传参考图"功能,上传任意一张图片,并设置"画面风格"选项,从而生成特定风格的图片效果。设置图片画面风格的效果,如图 4-6 所示。

图 4-6 设置图片画面风格的效果

下面介绍设置图片画面风格的具体操作方法。

STEP 01 在"AI 创作"页面的"自定义"选项卡中，❶在输入框中输入相应关键词；❷设置"选择 AI 画师"选项为"创艺"，如图 4-7 所示。

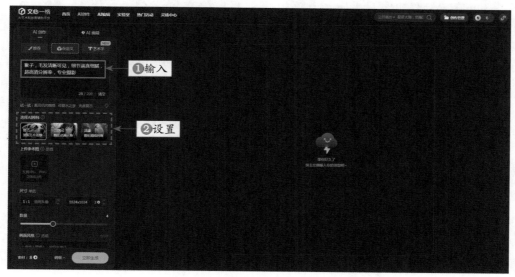

图 4-7 设置"选择 AI 画师"为"创艺"

STEP 02 单击"上传参考图"下方的"■"按钮，在弹出的"打开"对话框中，选择相应的参考图，如图 4-8 所示。

图 4-8 选择相应的参考图

STEP 03 单击"打开"按钮，上传参考图，设置"影响比重"、"尺寸"和"数量"的参数，如图 4-9 所示。

STEP 04 单击"画面风格"下方的输入框，在弹出的面板中单击"矢量画"标签，如图 4-10 所示，即可设置图片的"画面风格"为"矢量画"。

图 4-9 设置"尺寸"和"数量"等选项　　　　图 4-10 单击"矢量画"标签

STEP 05 单击"立即生成"按钮，即可生成相应风格的图片，效果请见图 4-6。

4.1.4 设置图片的修饰词

扫码看效果

扫码看视频

【**效果展示**】：使用修饰词可以提升文心一格的出图质量，而且修饰词还可以叠加使用。设置图片的修饰词，效果如图 4-11 所示。

图 4-11 设置图片修饰词的效果

下面介绍设置图片修饰词的具体操作方法。

STEP 01 在"AI 创作"页面的"自定义"选项卡中，❶在输入框中输入相应的关键词；❷设置"选择 AI 画师"选项为"创艺"，如图 4-12 所示。

STEP 02 在"选择 AI 画师"的下方设置"尺寸"为"16:9"、"数量"为"1"、"画面风格"为"矢量画",如图 4-13 所示。

图 4-12 设置"选择 AI 画师"选项　　　　　　图 4-13 设置相应选项

STEP 03 单击"修饰词"下方的输入框,在弹出的面板中单击"cg 渲染"标签,如图 4-14 所示,即可将该修饰词添加到输入框中。

STEP 04 使用同样的操作方法,添加"摄影风格"修饰词,如图 4-15 所示。

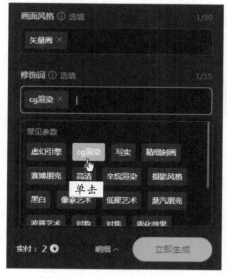

图 4-14 单击"cg 渲染"标签　　　　　　图 4-15 添加"摄影风格"修饰词

▶　专家指点

　　cg 是计算机图形(computer graphics)的缩写,是使用计算机来创建、处理和显示图形的技术。

STEP 05 单击"立即生成"按钮，即可生成品质更高且更具有摄影感的图片，效果请见图 4-11。

4.1.5 设置图片的艺术家风格

扫码看效果　扫码看视频

【效果展示】：在文心一格的"自定义" AI 绘画模式中，可以添加合适的关于艺术家风格的关键词，来模拟特定的艺术家绘画风格，生成相应的图片效果。设置图片的艺术家风格，效果如图 4-16 所示。

图 4-16　生成相应艺术家风格的图片效果

下面介绍设置图片艺术家风格的具体操作方法。

STEP 01 在"AI 创作"页面的"自定义"选项卡中，❶在输入框中输入相应的关键词；❷设置"选择 AI 画师"选项为"创艺"，如图 4-17 所示。

STEP 02 在"选择 AI 画师"的下方，设置"尺寸"为"4 : 3"、"数量"为"1"、"画面风格"为"水彩画"，如图 4-18 所示。

STEP 03 单击"修饰词"下方的输入框，在弹出的面板中单击"写实"标签，如图 4-19 所示，即可将该修饰词添加到输入框中。

STEP 04 在"艺术家"下方的输入框中，输入相应的艺术家名称，如图 4-20 所示。

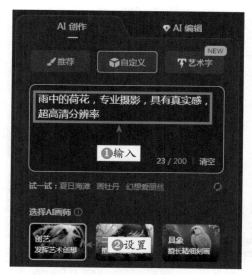

图 4-17　设置"选择 AI 画师"选项

图 4-18　设置相应的选项

图 4-19　单击"写实"标签

图 4-20　输入相应的艺术家名称

STEP 05 单击"立即生成"按钮，即可生成相应艺术家风格的图片，具体效果请见图 4-16。

4.1.6　设置不希望出现的内容

扫码看效果

扫码看视频

【效果展示】：在文心一格的"自定义"AI 绘画模式中，可以设置"不希望出现的内容"选项，从而在一定程度上减少该内容出现的概率，效果如图 4-21 所示。

图 4-21 生成相应的图片效果

下面介绍设置不希望出现的内容的具体操作方法。

STEP 01 在"AI 创作"页面的"自定义"选项卡中，❶在输入框中输入相应的关键词；❷设置"选择 AI 画师"选项为"创艺"，如图 4-22 所示。

STEP 02 在"选择 AI 画师"的下方，设置"尺寸"为"3：2"、"数量"为"1"、"画面风格"为"矢量画"，如图 4-23 所示。

图 4-22 设置"选择 AI 画师"选项

图 4-23 设置相应的选项

STEP 03 单击"修饰词"下方的输入框，在弹出的面板中单击"写实"标签，如图 4-24 所示，将该修饰词添加到输入框中。

STEP 04 在"不希望出现的内容"下方的输入框中输入"人物"，如图 4-25 所示，降低人物在画面中出现的概率。

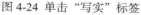

图 4-24　单击"写实"标签

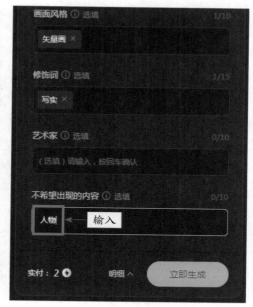

图 4-25　输入"人物"

STEP 05 单击"立即生成"按钮，即可生成相应的图片，效果请见图 4-21。

4.2　Midjourney 的参数设置

Midjourney 能够通过修改关键词来控制图像的材质、风格和背景。不仅如此，我们还可以通过各种参数来改变 AI 绘画的效果，生成更优秀的 AI 绘画作品。正确运用这些参数，对于提高图像的质量非常重要。本节将介绍一些 Midjourney 的参数，让我们在生成 AI 绘画作品时更加得心应手。

4.2.1　设置版本型号

Version 指版本型号，Midjourney 会经常进行版本更新，并结合我们的使用情况改进其算法。从 2022 年 4 月至 2023 年 8 月，Midjourney 已经发布了 5 个版本，其中 version 5.2 是目前最新且效果最好的版本。

Midjourney 目前支持 version 1、version 2、version 3、version 4、version 5、version 5.1、version 5.2 等版本，我们可以通过在关键词后面添加 --version 1（或 --v 1）、--version 2（或 --v 2）等来调用不同的版本，如果没有添加版本后缀，那么会默认使用最新的版本。

例如，在关键词的末尾添加 --v 4 指令，即可通过 version 4 版本生成相应的图片，效果如图 4-26 所示。

图 4-26 通过 version 4 版本生成的图片

下面使用相同的关键词，并将末尾的 --v 4 指令改成 --v 5.2 指令，即可通过 version 5.2 版本生成相应的图片，效果如图 4-27 所示。

图 4-27 通过 version 5.2 版本生成的图片

分别单击图 4-26、图 4-27 中的"U1"按钮，可以生成对应图片的放大图，如图 4-28 所示。通过对比不难发现，通过 version 5.2 版本生成的图片，画面的真实感会比较强。

图 4-28　对应图片的放大图

4.2.2　设置图像比例

Aspect rations（横纵比）指令用于更改生成图像的宽高比，通常表示为用冒号分割两个数字，比如 7∶4 或者 4∶3。注意，Aspect rations 指令中的冒号为英文字体格式，且数字必须为整数。Midjourney 的默认宽高比为 1:1，效果如图 4-29 所示。

图 4-29　默认宽高比效果

我们可以在关键词后面加 --aspect 指令或 --ar 指令，指定图片的横纵比。例如，使用图 4-29 中相同的关键词，结尾处加上 --ar 16:9 指令，即可生成相应尺寸的横图，效果如图 4-30 所示。需要注意的是，在图片生成或放大的过程中，最终输出的尺寸可能会略有修改。

图 4-30 生成相应尺寸的图片

4.2.3 设置变化程度

在 Midjourney 中使用 --chaos（简写为 --c）指令，可以影响图片生成结果的变化程度，能够激发 AI 的创造能力。--chaos 值（范围为 0 ~ 100，默认值为 0）越大，AI 的创造能力就会越强。

在 Midjourney 中输入相同的关键词，较低的 --chaos 值具有更可靠的结果，生成的图片在风格、构图上比较相似，如图 4-31 所示；较高的 --chaos 值将产生更多不寻常和意想不到的结果和组合，生成的图片在风格、构图上的差异较大，如图 4-32 所示。

图 4-31 较低 --chaos 值生成的图片

图 4-32　较高 --chaos 值生成的图片

4.2.4　设置图像质量

在图像描述指令的后面加 --quality（简写为 --q）指令，可以改变图片的质量，不过高质量的图片需要更长的时间来处理细节。更高的质量意味着每次生成图片耗费 GPU（Graphics Processing Unit，图形处理器）的分钟数也会增加。

例如，通过 imagine 指令输入相应的关键词，并在图像描述指令的结尾处加上 --quality .25 指令，即可快速地生成很不详细的图片，效果如图 4-33 所示。可以看出，此时生成的图像有点模糊，观感较差。

图 4-33　生成很不详细的图片

通过 imagine 指令输入相同的关键词，并在关键词的结尾处加上 --quality .5 指令，即可生成不太详细的图片，效果如图 4-34 所示，此时和不使用 --quality 指令时的结果差不多。

图 4-34 生成不太详细的图片

继续通过 imagine 指令输入相同的关键词，并在关键词的结尾处加上 --quality 1 指令，即可生成有更多细节的图片，效果如图 4-35 所示。

图 4-35 生成有更多细节的图片

需要注意的是，并不是 --quality 值越高越好，有时较低的 --quality 值反而可以产生更好的结果，这取决于我们对绘画作品的期望。例如，较低的 --quality 值比较适合绘制抽象主义风格的画作。

4.2.5 设置风格化程度

在 Midjourney 中使用 --stylize 指令，可以让生成的图片更具艺术性。较低的 --stylize 值生成的图片与关键词密切相关，但艺术性较差，效果如图 4-36 所示。

图 4-36 较低的 --stylize 值生成的图片

较高的 --stylize 值生成的图片非常有艺术性，但与关键词的关联性较低，AI 会有更多自由发挥的空间，效果如图 4-37 所示。

图 4-37 较高的 --stylize 值生成的图片

4.2.6 设置不出现的元素

在关键词的末尾处加上 --no 什么指令，可以让画面中不出现相关内容。例如，在关键词后面添加 --no plants 指令，表示生成的图片中不出现植物，效果如图 4-38 所示。

图 4-38 添加 --no plants 指令生成的图片

4.2.7 设置图像的完成度

在 Midjourney 中使用 --stop 指令，可以停止正在进行的 AI 绘画作业，然后直接出图。如果没有使用 --stop 指令，则默认的生成步数为 100，得到的图片是非常清晰、翔实的，效果如图 4-39 所示。

图 4-39 没有使用 --stop 指令生成的图片

以此类推，生成的步数越少，使用 --stop 指令停止渲染的时间就越早，生成的图像也就越模糊。如图 4-40 所示，为使用 --stop 50 指令生成的图片，50 代表步数。

图 4-40 使用 --stop 50 指令生成的图片

4.2.8 设置参考图的影响权重

扫码看效果　扫码看视频

【效果展示】：在 Midjourney 中以图生图时，使用 iw 指令可以设置参考图的影响权重，即调整参考图与文案（关键词）对生成图片影响的比重。iw 值（.5 ～ 2）越大，表明上传的图片对输出的结果影响越大，如图 4-41 所示。

图 4-41 设置参考图影响权重的效果

下面介绍设置参考图影响权重的具体操作方法。

STEP 01 在 Midjourney 中使用"describe"指令上传一张参考图,并生成相应的关键词,如图 4-42 所示。

STEP 02 单击生成的图片,在弹出的预览图中单击"鼠标右键",在弹出的快捷菜单中选择"复制图片地址"选项,如图 4-43 所示,复制图片链接。

图 4-42 生成相应的关键词

图 4-43 选择"复制图片地址"选项

STEP 03 调用"imagine"指令,将复制的图片链接和第 2 段关键词粘贴到输入框中,并在后面输入"--ar 3:4"和"--iw 2"指令,如图 4-44 所示。

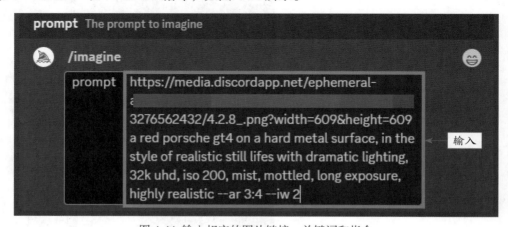

图 4-44 输入相应的图片链接、关键词和指令

STEP 04 按 "Enter" 键，即可生成与参考图的风格极其相似的图片，效果如图 4-45 所示。

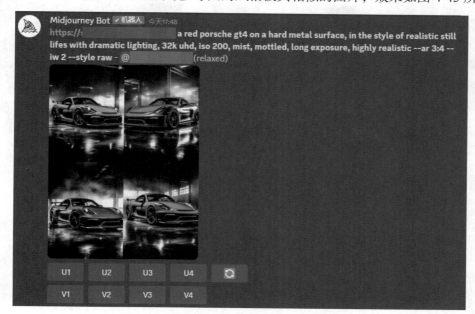

图 4-45 生成与参考图的风格极其相似的图片

STEP 05 单击 "U1" 按钮，生成第 1 张图的大图，效果请见图 4-41。

第 5 章
构图优化

　　构图是传统摄影创作中不可或缺的部分，主要通过有意识地安排画面中的视觉元素来增强照片的感染力和吸引力。在 AI 摄影中使用正确的构图关键词，可以对摄影绘画作品进行优化，协助 AI 模型生成更富有表现力的图片。

5.1 构图视角优化设置

在 AI 摄影中，构图视角是指镜头位置和主体的拍摄角度，通过合适的构图视角，可以增强画面的吸引力和表现力，为照片带来最佳的观赏效果。

本节主要为大家介绍几种控制 AI 摄影构图视角的关键词，帮助大家生成不同视角的照片。

5.1.1 正面与背面视角的设置

在日常的拍摄过程中，正面与背面视角是常见的构图视角，能够展示主体的大部分区域和形态特点。

正面视角（Front view）也称为正视图，是指将主体对象置于镜头前方，让其正面朝向观众。这种构图方式的拍摄角度与被拍摄主体平行，并且尽量以主体正面为主要展现区域，效果如图 5-1 所示。

图 5-1　正面视角效果

在 AI 摄影中，使用关键词 Front view 可以呈现被拍摄主体最清晰、最直接的形态，表达出来的内容和情感相对真实有力，很多人都喜欢使用这种方式来刻画人物的神情、姿态等，或呈现产品的外观形态，以达到更直观的效果。

背面视角（Back view）也被称为后视图，是指将镜头置于主体对象的后方，从其背后拍摄的一种构图方式，适合强调被拍摄主体的背面形态和表达情感的场景，效果如图 5-2 所示。

在 AI 摄影中，使用关键词 Back view 可以突出被拍摄主体的背面轮廓和形态，并能够展示出不同的视觉效果，营造出神秘、悬疑或引人遐想的氛围感。

图 5-2 背面视角效果

5.1.2 侧面与斜侧面视角的设置

侧面视角分为右侧视角（Right side view）和左侧视角（Left side view）两种。右侧视角是指将镜头置于主体对象的右侧，强调右侧的信息和特征，或突出右侧轮廓中有特殊含义的场景，效果如图 5-3 所示。

图 5-3 右侧视角效果

在 AI 摄影中，使用关键词 Right side view 可以强调主体右侧的细节或整体效果，制造视觉上的对比和平衡，增强照片的艺术感和吸引力。

左侧视角是指将镜头置于主体对象的左侧，常用于展现人物的神态和姿态，或突出左侧轮廓中有特殊含义的场景，效果如图 5-4 所示。

图 5-4　左侧视角效果

在 AI 摄影中，使用关键词 Left side view，可以刻画被拍摄主体左侧的样貌、形态特点或意境，并能够表达某种特殊的情绪、性格和感觉，或者给观众带来一种开阔、自然的视觉感受。

斜侧面视角是指从一个物体或场景的斜侧方向进行拍摄，这种视角可以给照片带来一种动态感，并增强主体的立体感和层次感，效果如图 5-5 所示。

图 5-5 斜侧面视角效果

斜侧面视角的关键词有：45° Shooting（45°角拍摄）、0.75 Left view（3/4 左侧视角）、0.75 Left back view（3/4 左后侧视角）、0.75 Right view（3/4 右侧视角）。

5.2 构图法则的优化设置

构图是指在摄影创作中，通过调整视角、摆放被拍摄对象和控制画面元素等手段来塑造画面效果的艺术表现形式。本节将为大家介绍 3 大基础构图法则。

5.2.1 前景构图法则的设置

前景构图（Foreground composition）是指通过前景元素来强化主体的视觉效果，来产生一种具有视觉冲击力和艺术感的画面效果，如图 5-6 所示。

图 5-6 前景构图效果

前景通常是指相对靠近镜头的物体，背景（Background）则是指位于主体后方且远离镜头的物体或环境。

在 AI 摄影中，使用关键词 Foreground 可以丰富画面色彩和层次，并且能够增加照片的丰富度，让画面变得更为生动、有趣。在某些情况下，还可以用来引导视线，更好地吸引观众的目光。

5.2.2 对称构图法则的设置

对称构图（Symmetry composition）是指被拍摄对象在画面中形成左右对称、上下对称或者对角线对称等不同的形式，从而产生一种平衡和富有美感的画面效果，如图 5-7 所示。

图 5-7 对称构图效果

在 AI 摄影中，使用关键词 Symmetry 可以创造一种冷静、稳重、平衡和具有美学价值的对称视觉效果，往往会给人们带来视觉上的舒适感和认可感，并强化人们对画面主体的印象和关注度。

5.2.3 框架构图法则的设置

框架构图（Framing composition）是指通过在画面中增加一个或多个"边框"，将主体锁定在画面中，可以更好地表现画面中的主体对象，并营造出富有层次感、优美出众的视觉效果，如图 5-8 所示。

图 5-8 框架构图效果

在 AI 摄影中，关键词 Framing 可以结合多种"边框"共同使用，如树枝、山体、花草等自然形成的"边框"，或者窄小的通道、建筑物、窗户、阳台、桥洞、隧道等人工制造出来的"边框"。

5.2.4 其他常见构图法则的设置

在 AI 摄影中，通过运用各种构图关键词，可以让主体呈现出最佳的视觉效果，进而营造出所需的气氛。摄影师在拍摄作品时，会针对不同的拍摄物体，运用多种构图法则，来提升作品的质感。运用不同的构图关键词，可以生成多种 AI 摄影作品，下面为大家介绍 3 种常见的构图法则。

微距构图（Macro composition）是一种专门用于拍摄微小物体的构图方式。主要目的是尽可能地展现主体的细节和纹理，以及赋予其更大的视觉冲击力，适用于花卉、小动物、美食或者生活中的小物品等类型的照片，效果如图 5-9 所示。

在 AI 摄影中，使用关键词 Macro composition 可以大幅度地放大展现小的主体细节和特征，包括纹理、线条、颜色和形状等，从而创造出一个独特且让人惊艳的视觉空间，更好地表现画面主体的神秘感、精致感和美感。

中心构图（Center the composition）是指将要拍摄的主体放在画面的正中央，使其尽可能地处于画面的对称轴上，从而让主体在画面中显得非常突出和集中，效果如图 5-10 所示。

图 5-9 微距构图效果

图 5-10 中心构图效果

在 AI 摄影中，使用关键词 Center the composition 可以有效地突出主体的形象和特征，适用于花卉、鸟类、宠物和人像等类型的照片。

消失点构图（Vanishing point composition）是指通过将画面中所有线条或物体的近端向一个共同的点汇聚，这个点就称为消失点，可以表现出空间深度和高低错落的感觉，效果如图 5-11 所示。

图 5-11 消失点构图效果

在 AI 摄影中，使用关键词 Vanishing point composition 能够增强画面的立体感，并通过塑造画面空间来提升视觉冲击力，适用于城市风光、建筑、道路、铁路、桥梁、隧道等类型的照片。

5.2.5 其他创意构图法则的设置

摄影师们有时会针对当下流行的摄影作品，采用更有创意的构图方式，使作品更具独特风格，下面为大家介绍引导线、对角线、三分法、斜线 4 种创意构图法则。

引导线构图（Leading lines composition）是指利用画面中的直线或曲线等元素来引导观众的视线，从而使画面在视觉上更有趣、形象和富有表现力，效果如图 5-12 所示。

图 5-12 引导线构图效果

在 AI 摄影中,关键词 Leading lines 需要与照片场景中的道路、建筑、云朵、河流、桥梁等元素结合使用,从而巧妙地引导观众的视线,使其逐渐地从画面的一端移动到另一端,并最终停留在主体上,或者浏览完整张照片。

对角线构图(Diagonal composition)是指利用物体、形状或线条在画面中形成对角线,并使得画面具有更强的动感和层次感,效果如图 5-13 所示。

图 5-13 对角线构图效果

在 AI 摄影中,使用关键词 Diagonal composition 可以将主体或关键元素沿着对角线放置,让画面在视觉上产生一种意想不到的张力,吸引人们的注意力并引起他们的兴趣。

三分法构图(Rule of thirds composition)又称为三分线构图(Three line composition),是指将画面从横向或竖向平均分割成三个部分,并将主体或重点放在这些划分线或交点上,可以有效提高照片的平衡感和突出主体,效果如图 5-14 所示。

图 5-14 三分法构图效果

在 AI 摄影中,使用关键词 Rule of thirds 可以将画面主体平衡地放在相应的位置上,实现视觉张力的均衡分配,从而更好地传达画面的主题和情感。

斜线构图（Oblique line composition）是一种利用对角线或斜线来组织画面的构图技巧，可以带来独特的视觉效果，并使画面显得更有动感，效果如图 5-15 所示。

图 5-15 斜线构图效果

在 AI 摄影中，使用关键词 Oblique line composition 可以在画面中创造一种自然而流畅的视觉导引，让观众的目光沿着线条的方向移动，从而引起观众对画面中特定区域的注意。

5.3 镜头景别优化设置

摄影中的镜头景别通常是指主体对象与镜头的距离，表现出来的效果就是主体在画面中的大小，如远景、全景、中景、近景、特写等。

在 AI 摄影中，合理地使用关于镜头景别的关键词可以达到更好的画面效果。本节将为大家介绍 5 种常用的镜头景别，帮助大家表达出想要传达的主题和意境。

5.3.1 远景的设置

远景（Wide angle）又称为广角视野（Ultra wide shot），是指以较远的距离拍摄某个场景或大环境，呈现出广阔的视野和大范围的画面，如图 5-16 所示。

在 AI 摄影中，使用关键词 Wide angle 能够将人物、建筑或其他元素与周围环境相融合，突出场景的宏伟壮观和自然风貌。另外，Wide angle 还可以表现出人与环境之间的关系，以及起到烘托氛围和衬托主体的作用，使得整个画面更富有层次感。

图 5-16 远景效果

5.3.2 全景的设置

全景（Full shot）是指将整个主体对象完整地展现在画面中，可以使观众更好地了解主体的形态、外貌和特点，并进一步感受主体的气质与风貌，效果如图 5-17 所示。

图 5-17 全景效果

在 AI 摄影中，使用关键词 Full shot 可以更好地表达被拍摄主体的自然状态、姿态和大小，将其完整地呈现出来。同时，Full shot 还可以作为补充元素，用于烘托氛围和强化主题，以及更加生动、具体地体现主体对象的情感和心理变化。

5.3.3 中景的设置

中景（Medium shot）是指将人物主体的上半身（通常为膝盖以上）呈现在画面中，可以展示一定程度的背景环境，同时也能够使主体更加突出，效果如图 5-18 所示。

图 5-18 中景效果

中景景别的特点是以表现某一事物的主要部分为中心，常常以动作情节取胜，环境表现则被降到次要地位。

在 AI 摄影中，使用关键词 Medium shot 可以将主体完全填充于画面中，使得观众更容易与主体产生共鸣，同时还可以创造出更加真实、自然且具有文艺性的画面效果，为照片注入生命力。

5.3.4 近景的设置

近景（Medium close up）是指将人物主体的头部和肩部（通常为胸部以上）完整地展现在画面中，能够突出人物的面部表情和细节特点，效果如图 5-19 所示。

图 5-19 近景效果

在 AI 摄影中，使用关键词 Medium close up 能够很好地表现出人物主体的情感细节，具体有以下两个方面。

首先，近景可以突出人物面部的细节特点，如表情、眼神、嘴唇等，进一步反映出人物的内心世界和情感状态。

其次，近景还可以为观众提供更丰富的信息，帮助他们更准确地了解主体所处的场景和具体环境。

5.3.5 特写的设置

在 AI 摄影中，使用关键词 Close up 可以将观众的视线集中到主体对象的某个部位上，加强特定元素的表达效果，并且让观众产生强烈的视觉感受和情感共鸣。

特写（Close up）是指将主体对象的某个部位或细节放大呈现在画面中，强调其重要性和细节特点，如人物的头部，效果如图 5-20 所示。

图 5-20 特写效果

第6章
光线色调优化

　　光线与色调都是摄影中非常重要的元素，它们可以呈现很强的视觉吸引力和情感表达效果，传达作者想要表达的主题和情感。在 AI 摄影中对光线与色调进行优化，可以协助 AI 模型生成更有表现力的照片效果。

6.1 常见光线类型的优化设置

在 AI 摄影中，合理地加入一些光线关键词，可以创造出不同的画面效果和氛围感，如阴影、明暗、立体感等。通过加入光源角度、强度等关键词，可以对画面主体进行突出或柔化处理，调整场景氛围，增强画面表现力，从而深化 AI 照片的内容。本节主要介绍几种常见 AI 摄影光线类型的优化设置。

6.1.1 顺光的设置

顺光（Front lighting）是指主体被光线直接照亮的情况，也就是被拍摄主体面朝着光源的方向。在 AI 摄影中，使用关键词 Front lighting 不仅可以让主体看起来更加明亮、生动，轮廓线更加分明，具有立体感，还可以把主体和背景隔离开，增强画面的层次感，效果如图 6-1 所示。

图 6-1 顺光效果

此外，顺光还可以营造出一种充满活力和温暖的氛围。不过，需要注意的是，如果阳光过于强烈或角度不对，也可能会导致照片出现过曝或阴影严重等问题。

6.1.2　侧光的设置

侧光（Raking light）是指从侧面斜射的光线，通常用于强调主体对象的纹理和形态。在 AI 摄影中，使用关键词 Raking light 可以突出主体对象的表面细节和立体感，在强调细节的同时也会加强色彩的对比度和明暗反差效果。

另外，对于人像类 AI 摄影作品来说，关键词 Raking light 能够强化人物的面部轮廓，让人物的五官更加立体，塑造出独特的气质和形象，效果如图 6-2 所示。

图 6-2　侧光效果

6.1.3　逆光的设置

逆光（Back light）是指从主体的后方照射过来的光线，在摄影中也称为背光。

在 AI 摄影中，使用关键词 Back light 可以营造出强烈的视觉层次感和立体感，让物体轮廓更加分明、清晰，在生成人像类和风景类的照片时效果非常好。

特别是在用 AI 模型绘制夕阳、日出、落日和水上反射等场景时，Back light 能够产生剪影和色彩渐变，给照片带来极具艺术性的画面效果，如图 6-3 所示。

图 6-3 逆光效果

6.1.4 顶光的设置

顶光（Top light）是指从主体的上方垂直照射下来的光线，能让主体的投影垂直显示在下面。关键词 Top light 非常适合生成食品和饮料等 AI 摄影作品，能够增加视觉诱惑力，效果如图 6-4 所示。

图 6-4 顶光效果

6.1.5 边缘光的设置

边缘光（Edge light）是指从主体的侧面或者背面照射过来的光线，通常用于强调主体的形状和轮廓。边缘光能够自然地定义主体和背景之间的边界，并增加画面的对比度，提升视觉效果。

在 AI 摄影中，使用关键词 Edge light 可以突出主体的形态和立体感，非常适合用于生成人像和静物等类型的 AI 摄影作品，效果如图 6-5 所示。

图 6-5　边缘光效果

▶　专家指点

需要注意的是，边缘光在强调主体轮廓的同时也会产生一定程度上的剪影效果，因此需要注意光源角度的控制，避免光斑与阴影出现不协调的情况。

6.1.6 轮廓光的设置

轮廓光（Contour light）是指可以勾勒出主体轮廓线条的侧光或逆光，能够产生强烈的视觉张力和层次感，提升视觉效果。

在 AI 摄影中，使用关键词 Contour light 可以使主体更清晰、生动且栩栩如生，增强照片的整体观赏效果，使其能够更加吸引观众的注意力，效果如图 6-6 所示。

图 6-6 轮廓光效果

6.2 特殊光线类型的优化设置

光线对于 AI 摄影来说非常重要，它能够营造出非常自然的氛围感和光影效果，突显照片的主题特点，同时也能够掩盖不足之处。因此，我们要掌握各种特殊光线关键词的用法，从而有效提升 AI 摄影作品的质量和艺术价值。

本节将为大家介绍几种特殊的 AI 摄影光线优化设置技巧，希望对大家做出更好的作品有所帮助。

6.2.1 常用特殊光线的设置

特殊光线是指通常需要摄影师通过反光板、闪光灯等工具进行控制的光线，一般用于商业摄影场合，包括冷光、暖光、柔光、晨光和亮光 5 种常见的特殊光线。

冷光（Cold light）是指色温较高的光线，通常呈现出蓝色、白色等冷色调。在 AI 摄影中，使用关键词 Cold light 可以营造出寒冷、清新、高科技的画面感，并且能够突出主体对象的纹理和细节。

例如，在用 AI 模型生成人像照片时，添加关键词 Cold light 可以赋予人物青春活力和时尚感，效果如图 6-7 所示。同时，该照片还使用了 In the style of soft（风格柔和）、Light white and light blue（浅白色和浅蓝色）等关键词来增强冷光效果。

图 6-7　冷光效果

暖光（Warm light）是指色温较低的光线，通常呈现出黄、橙、红等暖色调。例如，在用 AI 生成人物照片时，添加关键词 Warm light 可以让画面变得更加柔和，让人物变得更有质感，效果如图 6-8 所示。

图 6-8　暖光效果

在 AI 摄影中，使用关键词 Warm light 可以营造出温馨、舒适、浪漫的画面感，并且能够突出主体对象的色彩和质感。

　　柔光（Soft light）是指柔和、温暖的光线，是一种低对比度的光线类型。在 AI 摄影中，使用关键词 Soft light 可以让图片产生自然、柔美的光影效果，渲染出照片主题的情感和氛围。

　　例如，在使用 AI 模型生成人像照片时，添加关键词 Soft light 可以营造出温暖、舒适的氛围感，并弱化人物的皮肤、毛孔、纹理等小缺陷，使得人像显得更加柔和、美好，效果如图 6-9 所示。

图 6-9　柔光效果

　　晨光（Morning light）是指早晨日出时的光线，具有柔和、温暖、光影丰富的特点，可以产生非常独特和美妙的画面效果，如图 6-10 所示。

图 6-10　晨光效果

　　在 AI 摄影中，使用关键词 Morning light 可以产生柔和的阴影和丰富的色彩变化，而不会产生太多硬直的阴影，常用于生成人像、风景等类型的照片。Morning light 不会让人有光线强烈和刺眼的感觉，能够让主体对象看起来更加自然、清晰、有层次感，也更加容易表现出照片主题的情绪和氛围。

亮光（Bright top light）是指明亮的光线，该关键词能够营造出强烈的光线效果，可以产生硬朗、直接的下落式阴影，效果如图 6-11 所示。

图 6-11 亮光效果

6.2.2 专业特殊光线的设置

除提到的 5 种常用的特殊光线外，摄影师们还会根据特定的场景，采用一些专业的特殊光线，通常用于影视剧的拍摄，例如太阳光、黄金时段光、立体光、赛博朋克光和戏剧光。在生成 AI 摄影作品时，我们也可以使用这些特殊光线关键词。

太阳光（Sun light）是指来自太阳的自然光线，在摄影中也常被称为自然光（Natural light）或日光（Day light）。

在 AI 摄影中，使用关键词 Sun light 可以给主体带来非常强烈、明亮的光线效果，同时也能够产生鲜明、生动、舒适、真实的色彩和阴影效果，如图 6-12 所示。

图 6-12 太阳光效果

赛博朋克光（Cyberpunk light）是一种特定的光线类型，通常用于电影画面、摄影作品和艺术作品中，以呈现明显的未来主义和科幻元素等风格。

在 AI 摄影中，可以运用关键词 Cyberpunk light 呈现出高对比度、鲜艳的颜色和各种几何形状，从而增加照片的视觉冲击力和表现力，效果如图 6-13 所示。

图 6-13 赛博朋克光效果

　　黄金时段光（Golden hour light）是指在日出或日落前后一小时内的阳光照射状态，也称为"金色时刻"，期间的阳光具有柔和、温暖且呈金黄色的特点。

　　在 AI 摄影中，使用关键词 Golden hour light，能够反射出更多的金黄色和橙色的温暖色调，让主体对象看起来更加立体、自然和舒适，层次也更丰富，效果如图 6-14 所示。

图 6-14　黄金时段光效果

　　立体光（Volumetric light）是指穿过有一定密度的物质（如尘埃、雾气、树叶、烟雾等）而形成的有体积感的光线。在 AI 摄影中，立体光的其他关键词还有丁达尔效应（Tyndall effect）、圣光（Holy light）等，使用这些关键词可以营造出强烈的光影立体感，效果如图 6-15 所示。

图 6-15　立体光效果

　　戏剧光（Dramatic light）是一种营造戏剧化场景的光线类型，通常用于电影、电视剧和照片等艺术作品，用来表现明显的戏剧效果和张力。

在 AI 摄影中，可以运用关键词 Dramatic light 使主体对象获得更加突出的效果，并且能够彰显主体的独特性与形象的感知性，效果如图 6-16 所示。Dramatic light 通常会使用深色、阴影以及高对比度的光影效果来创造出强烈的情感冲击力。

图 6-16 戏剧光效果

6.3 流行色调的优化设置

色调是指整张照片的颜色、亮度和对比度的组合，照片在后期处理中通过各种软件进行的色彩调整，从而使不同的颜色呈现出特定的效果和氛围感。

在 AI 摄影中，色调关键词的运用可以改变照片的情绪和气氛，增强照片的表现力和感染力。因此，我们可以通过运用不同的色调关键词来加强或抑制不同颜色的饱和度和明度，以便更好地传达照片的主题思想和主体特征。

6.3.1 亮丽橙色调的设置

亮丽橙色调（Bright orange tone）是一种明亮、高饱和度的色调。在 AI 摄影中，使用关键词 Bright orange tone 可以营造出充满活力、兴奋和温暖的氛围感，常常用于强调画面中的特定区域或主体等元素。

亮丽橙色调常用于生成户外场景、阳光明媚的日落或日出、运动比赛等 AI 摄影作品，在这些场景中会有大量金黄色的元素，因此加入关键词 Bright orange tone 会增加照片的立体感，并凸显画面瞬间的情感张力，效果如图 6-17 所示。

图 6-17 亮丽橙色调效果

另外，使用 Bright orange tone 也需要尽量控制其饱和度，以免画面颜色过于刺眼或浮夸，影响照片的整体效果。

6.3.2 自然绿色调的设置

自然绿色调（Natural green tone）具有柔和、温馨等特点，在 AI 摄影中使用该关键词可以营造出大自然的感觉，令人联想到青草、森林或童年，常用于生成自然风光或环境人像等 AI 摄影作品，效果如图 6-18 所示。

图 6-18 自然绿色调效果

6.3.3 稳重蓝色调的设置

稳重蓝色调（Steady blue tone）可以营造出刚毅、坚定和高雅等视觉感受，适用于生成城市建筑、街道、科技场景等 AI 摄影作品。

在 AI 摄影中，使用关键词 Steady blue tone 能够突出画面中的大型建筑、桥梁和城市景观，让画面看起来更加稳重和成熟，同时还能够营造出高雅、精致的气质，从而使照片更具美感和艺术性，效果如图 6-19 所示。

图 6-19 稳重蓝色调效果

▶ **专家指点**

如果我们需要强调照片的某个特点（如构图、色调等），可以多添加相关的关键词进行描述，让 AI 模型在绘画时能够进一步突出这个特点。例如，在上图中，不仅添加了关键词 Steady blue tone，还使用了关键词 Blue and white glaze（蓝白釉），通过蓝色与白色的相互衬托，能够让照片更具吸引力。

6.3.4 糖果色调的设置

糖果色调（Candy tone）是一种鲜艳、明亮的色调，常用于营造轻松、欢快和甜美的氛围感。糖果色调主要是通过增加画面的饱和度和亮度，同时减少曝光度来达到柔和的画面效果，通常会给人一种青春跃动和甜美可爱的感觉。

在 AI 摄影中，关键词 Candy tone 非常适合生成建筑、街景、儿童、食品、花卉等类型的照片。例如，在生成街景照片时，添加关键词 Candy tone 能够给人一种童话世界般的感觉，色彩丰富又不刺眼，效果如图 6-20 所示。

图 6-20 糖果色调效果

6.3.5 枫叶红色调的设置

枫叶红色调（Maple red tone）是一种富有高级感和独特性的暖色调，通常被应用于营造温暖、温馨、浪漫和优雅的氛围感。在 AI 摄影中，使用关键词 Maple red tone 可以使画面充满活力与情感，适用于生成风景、肖像、建筑等类型的照片。

关键词 Maple red tone 能够强化画面中红色元素的视觉冲击力，表现出复古、温暖、甜美的氛围感，从而赋予 AI 摄影作品一种特殊的情感，效果如图 6-21 所示。

图 6-21 枫叶红色调效果

6.3.6 霓虹色调的设置

霓虹色调（Neon shades tone）是一种非常亮丽和夸张的色调，这种色调适用于生成城市建筑、潮流人像、音乐表演等 AI 摄影作品。关键词 Neon shades tone 在 AI 摄影中常用于营造时尚、前卫和奇特的氛围感，使画面极富视觉冲击力，从而给人留下深刻的印象，效果如图 6-22 所示。

图 6-22 霓虹色调效果

第 7 章
风格渲染优化

　　AI 摄影中的风格渲染是指我们在通过 AI 绘画工具生成图片时，所表现出来的美学风格和个人创造性，它通常涵盖了构图、光线、色彩、题材、渲染品质和处理技巧等多种因素，以体现作品的独特视觉语言和作者的审美追求。本章将重点为大家讲解 AI 摄影的风格渲染优化技巧。

7.1 艺术风格的优化设置

艺术风格是指 AI 摄影作品中呈现出的独特、个性化的风格和审美表达方式，反映了作者对画面的理解、感知和表达。本节主要介绍 6 类 AI 摄影艺术风格的优化设置技巧，帮助大家更好地塑造自己的审美观，并提升 AI 摄影作品的品质和表现力。

7.1.1 抽象主义风格的设置

抽象主义（Abstractionism）是一种以形式、色彩为重点的摄影艺术风格，通过结合主体对象和环境中的构成、纹理、线条等元素进行创作，将原来真实的景象转化为抽象的图像，传达一种突破传统审美习惯的思想，效果如图 7-1 所示。

图 7-1 抽象主义风格的图片效果

在 AI 摄影中，抽象主义风格的关键词包括：鲜艳的色彩（Vibrant colors）、几何形状（Geometric shapes）、抽象图案（Abstract patterns）、运动和流动（Motion and flow）、纹理和层次（Texture and layering）。

7.1.2 纪实主义风格的设置

纪实主义（Documentarianism）是一种致力于展现真实生活、真实情感和真实经验的摄影艺术风格。它更加注重如实地描绘大自然和反映现实生活，探索被拍摄对象所处时代、社会、文化背景下的意义与价值，呈现出人们的亲身体验并能够产生共鸣的生活场景和情感状态，效果如图 7-2 所示。

在 AI 摄影中，纪实主义风格的关键词包括：真实生活（Real life）、自然光线与真实场景（Natural light and real scenes）、超逼真的纹理（Hyper-realistic texture）、精确的细节（Precise details）、逼真的静物（Realistic still life）、逼真的肖像（Realistic portrait）、逼真的风景（Realistic landscape）。

图 7-2 纪实主义风格的图片效果

7.1.3 超现实主义风格的设置

超现实主义（Surrealism）是指一种挑战常规的摄影艺术风格，追求超越现实，呈现出理性和逻辑之外的景象和感受，效果如图 7-3 所示。超现实主义风格倡导通过摄影手段表达作者的想象和情感，强调作者的心灵世界和审美态度。

图 7-3 超现实主义风格的图片效果

在 AI 摄影中，超现实主义风格的关键词包括：梦幻般的（Dreamlike）、超现实的风景（Surreal landscape）、神秘的生物（Mysterious creatures）、扭曲的现实（Distorted reality）、超现实的静态物体（Surreal still objects）。

> ▶ **专家指点**
>
> 超现实主义风格不拘泥于客观存在的对象和形式，而是试图反映作者的内在感受和情绪状态，这类 AI 摄影作品能够为观众带来前所未有的视觉冲击力。

7.1.4 极简主义风格的设置

极简主义（Minimalism）是一种强调简洁、减少冗余元素的摄影艺术风格，旨在通过精简的形式和结构来表现事物的本质和内在联系，在视觉上追求简约、干净和平静，让画面更加简洁而具有力量感，效果如图 7-4 所示。

图 7-4 极简主义风格的图片效果

在 AI 摄影中，极简主义风格的关键词包括：简单（Simple）、简洁的线条（Clean lines）、极简色彩（Minimalist colors）、负空间（Negative space）、极简静物（Minimal still life）。

7.1.5 印象主义风格的设置

印象主义（Impressionism）是一种强调情感表达和氛围感受的摄影艺术风格。通常选择柔和、温暖的色彩和光线，在构图时注重景深和镜头虚化等视觉效果，来创造出柔和、流动的画面感，从而传递给观众特定的氛围和情绪，效果如图 7-5 所示。

图 7-5　印象主义风格的图片效果

在 AI 摄影中，印象主义风格的关键词包括：模糊的笔触（Blurred strokes）、彩绘光（Painted light）、印象派风景（Impressionist landscape）、柔和的色彩（Soft colors）、印象派肖像（Impressionist portrait）。

7.1.6　街头摄影风格的设置

街头摄影（Street photography）是一种表达社会生活和人文关怀的摄影艺术风格，尤其侧重于捕捉那些日常生活中容易被忽视的人和事，效果如图 7-6 所示。街头摄影风格非常注重对现场光线、色彩和构图等元素的把握，追求真实的场景记录和情感表现。虽然有街头两个字，但是这种摄影的地点并不是只有街头，部分呈现公共场合、场景的图片也可以算是街头摄影。

在 AI 摄影中，街头摄影风格的关键词包括：城市风景（Urban landscape）、街头生活（Street life）、动态故事（Dynamic stories）、街头肖像（Street portraits）、高速快门（High-speed shutter）、扫街抓拍（Street Sweeping Snap）。

图 7-6 街头摄影风格的图片效果

7.2 渲染品质的优化设置

如今，随着单反摄影、手机摄影的普及，以及社交媒体的发展，人们在日常生活中越来越侧重于图片的渲染品质，这对传统的后期处理技术提出了更高的挑战，同时也推动了摄影技术的不断创新和进步。

渲染品质通常是指图片呈现出来的某种效果，包括清晰度、颜色还原、对比度和阴影细节等，其主要目的是使图片看上去更加真实、生动、自然。在 AI 摄影中，我们也可以使用一些关键词来增强图片的渲染品质，进而提升 AI 摄影作品的艺术感和专业感。

7.2.1 摄影感的设置

摄影感（Photography），这个关键词在 AI 摄影中有非常重要的作用，它通过捕捉静止或运动的物体以及自然景观等表现形式，并通过模拟合适的光圈、快门速度、感光度等相机参数来控制 AI 模型的出图效果，如光影、清晰度和景深等。

如图 7-7 所示，为添加关键词 Photography 生成的图片效果，图片中的亮部和暗部都能保持丰富的细节，并营造出强烈的光影效果。

图 7-7　添加关键词 Photography 生成的图片效果

7.2.2　真实感的设置

真实感（Quixel megascans render），该关键词可以突出三维场景的真实感，并添加各种细节元素，如地面、岩石、草木、道路、水、服装等元素。Quixel megascans render 可以提升 AI 摄影作品的真实感和艺术性，效果如图 7-8 所示。

图 7-8　添加关键词 Quixel megascans render 生成的图片效果

Quixel Megascans 是一个丰富的虚拟素材库，其中的材质、模型、纹理等资源非常逼真，能够帮助我们创作更具个性化的作品。

7.2.3 虚幻引擎的设置

虚幻引擎（Unreal Engine），该关键词主要用于虚拟场景的制作，可以让画面呈现出惊人的真实感，效果如图 7-9 所示。

图 7-9 添加关键词 Unreal Engine 生成的图片效果

Unreal Engine 是由 Epic Games 团队开发的虚幻引擎，它能够创建高品质的三维图像和交互体验，并为游戏、影视和建筑等领域提供了强大的实时渲染解决方案。在 AI 摄影中，使用关键词 Unreal Engine 可以在虚拟环境中创建各种场景和角色，从而实现高度还原真实世界的画面效果。

7.2.4 光线追踪的设置

光线追踪（Ray Tracing），该关键词主要用于实现高质量的图像渲染和光影效果，能够让 AI 摄影作品的场景更逼真、材质细节表现更好，从而令画面更加优美、自然，效果如图 7-10 所示。

Ray Tracing 是一种基于计算机图形学的渲染引擎，在渲染场景的时候可以更为准确地模拟光线与物体之间的相互作用，从而创建更逼真的影像效果。

图 7-10　添加关键词 Ray Tracing 生成的图片效果

7.2.5　C4D 渲染器的设置

C4D 渲染器（C4D Renderer），该关键词能够帮助我们创造出非常逼真的 CGI（Computer-Generated Imagery，计算机绘图）场景和角色，效果如图 7-11 所示。

图 7-11　添加关键词 C4D Renderer 生成的图片效果

C4D Renderer 指的是 Cinema 4D 软件的渲染引擎，它是一种拥有多个渲染方式的三维图形制作软件，包括物理渲染、标准渲染以及快速渲染等方式。在 AI 摄影中使用关键词 C4D Renderer，可以创建出非常逼真的三维模型、纹理和场景，并对其进行定向光照、阴影、反射等效果的处理，从而打造出各种令人震撼的视觉效果。

7.2.6 V-Ray 渲染器的设置

V-Ray 渲染器（V-Ray Renderer），该关键词可以在 AI 摄影中帮助我们实现高质量的图像渲染效果，呈现出逼真的角色和虚拟场景，效果如图 7-12 所示。同时，V-Ray Renderer 还可以减少画面噪点，让图片的细节效果更加完美。

图 7-12 添加关键词 V-Ray Renderer 生成的图片效果

V-Ray Renderer 是一种高保真的 3D 渲染器，在光照、材质、阴影等方面都能达到非常逼真的效果，可以渲染出高品质的图像和动画。

摄影案例篇

第 8 章
人像摄影绘画实战案例

　　人像是摄影的常见主题，很多摄影师和绘画师都会创作人像摄影绘画类作品。通过 AI 绘画，可以快速创作人像摄影作品。本章将通过具体的实战案例，让大家快速掌握人像摄影绘画的创作技巧。

8.1　用 ChatGPT 生成人像的关键词

在 ChatGPT 中输入相应的提示词，对 ChatGPT 进行提问，获取某个人物的形象，如图 8-1 所示。

 请用150字左右描述某个中国女性的形象

这位中国女性展现出令人叹为观止的优雅和自信。她的面容秀美，肤色如白玉，眼神明亮而深邃，流露出聪慧和独立的气质。长长的黑发梳理得整齐，从她的肩膀上轻轻垂下，如瀑布一般。她身穿一袭华丽的中国旗袍，旗袍的细节设计和花纹彰显了中国传统的精致和优雅。

摄影师巧妙地捕捉到她的形态和神情，让观者能够感受到她的自信和魅力。背景可能是一个具有中国传统元素的庭院或寺庙，增强了她的东方美感和文化底蕴。

整个形象散发出一种独特的魅力，同时也代表了中国女性的坚强和美丽。这位女性的形象是一幅将传统和现代相融合的画卷，引发观者对中国文化和女性力量的深刻思考。

图 8-1　获取人像摄影作品的内容

再次对 ChatGPT 进行提问，让它提炼出一段关键词并翻译为英文，如图 8-2 所示。此时，提炼出的英文关键词即可作为生成人像摄影作品的关键词。

 从上述女性形象中提炼出一段关键词并翻译为英文

A Chinese woman exudes elegance and confidence with her beautiful features, bright eyes, and flowing black hair in a traditional qipao, showcasing a blend of traditional and modern elements, symbolizing the strength and beauty of Chinese women.

图 8-2　提炼出一段关键词并翻译为英文

8.2　输入关键词自动生成人像图片

扫码看视频

在 ChatGPT 中生成描述人像图片的关键词后，我们可以将其直接输入到 Midjourney 中生成对应的照片。下面介绍输入关键词自动生成人像图片的具体操作方法。

STEP 01 在 Midjourney 中调用 imagine 指令，在输入框中输入在 ChatGPT 中生成的关键词，如图 8-3 所示。

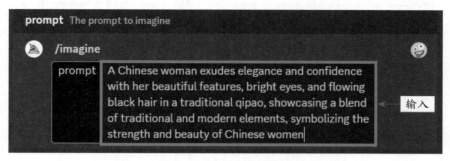

图 8-3 输入相应的关键词

STEP 02 按 "Enter" 键，Midjourney 将生成 4 张对应的图片，如图 8-4 所示。

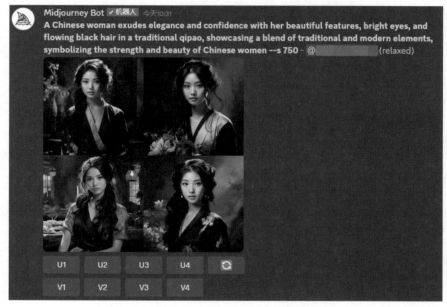

图 8-4 生成 4 张对应的图片

8.3 添加摄影指令增强人像的真实感

扫码看视频

从图 8-4 中可以看到，通过 ChatGPT 的关键词直接生成的图片有些不够真实，因此需要添加一些专业的摄影指令来增强人像图片的真实感，具体操作方法如下。

STEP 01 在 Midjourney 中调用 imagine 指令并输入相应的关键词，如图 8-5 所示，在上一节的基础上添加带有真实感的关键词，如 "photography like realism（像摄影般的真实感）"。

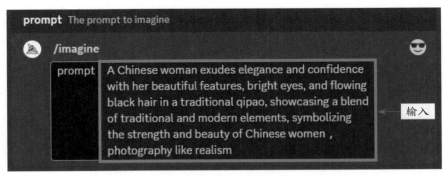

图 8-5　输入相应关键词

STEP 02 按"Enter"键，Midjourney 将生成 4 张更具真实感的图片，效果如图 8-6 所示。

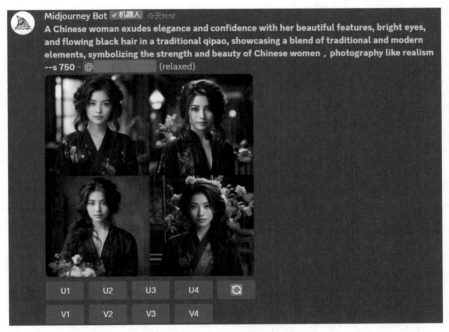

图 8-6　Midjourney 生成的图片效果

8.4　添加细节元素丰富人像的画面

扫码看视频

　　接下来在关键词中添加一些关于细节元素的描写，以丰富画面效果，使 Midjourney 生成的人像图片更加生动、有趣和吸引人，具体操作方法如下。

STEP 01 在 Midjourney 中调用 imagine 指令并输入相应的关键词，如在上一节的基础上增加了关键词"behind her is a view of the mountains（她的身后是群山的景色）"，如图 8-7 所示。

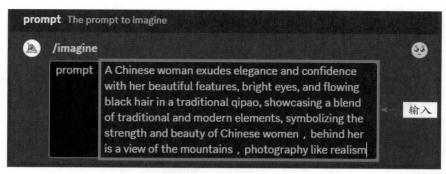

图 8-7 输入相应的关键词

STEP 02 按"Enter"键，Midjourney 将生成 4 张对应的图片，可以看到画面中的细节元素变得更丰富了，效果如图 8-8 所示。

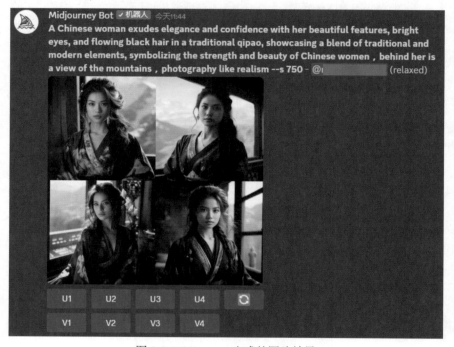

图 8-8 Midjourney 生成的图片效果

8.5 调整人像画面的光线和色彩

扫码看视频

接下来在关键词中增加一些与光线和色彩相关的关键词，增强画面的整体视觉冲击力，具体操作方法如下。

STEP 01 在 Midjourney 中调用 imagine 指令并输入相应的关键词，如在上一节的基础上增加了关键词"soft light, vibrant colors（柔和的光线，充满活力的颜色）"，如图 8-9 所示。

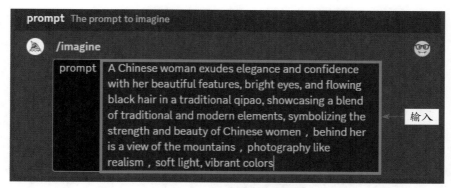

图 8-9　输入相应的关键词

STEP 02 按"Enter"键，Midjourney 将生成 4 张对应的图片，营造出更加逼真的影调，效果如图 8-10 所示。

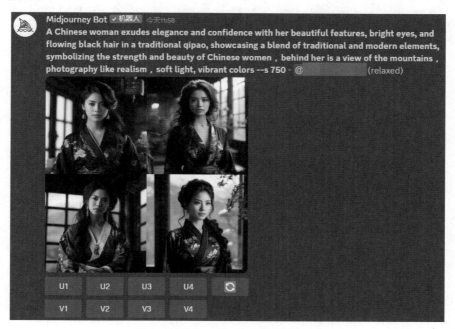

图 8-10　Midjourney 生成的图片效果

8.6　提升人像摄影绘画的出图品质

扫码看视频

扫码看视频

【效果展示】：最后增加一些能提升出图品质的关键词，并适当改变画面的比例，让画面拥有更加宽广的视野，效果如图 8-11 所示。

下面介绍提升人像摄影绘画出图品质的操作步骤。

STEP 01 在 Midjourney 中调用 imagine 指令并输入相应的关键词，如在上一节的基础上增加了关键词"8K resolution（8K 分辨率）--ar 4：3"，如图 8-12 所示。

图 8-11 Midjourney 生成的图片效果

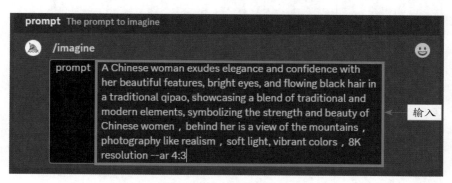

图 8-12 输入相应关键词

STEP 02 按"Enter"键，Midjourney 将生成画面更加清晰、细腻和真实的图片，选择其中最合适的一张图片进行放大，效果如图 8-11 所示。

第 9 章
动物摄影绘画实战案例

动物是一种常见对象，无论是可爱的小猫、小老虎，还是凶猛的狮子，都有很多人拍摄。其实，除了去实地拍摄，我们还可以借助 AI 绘画软件来创作动物摄影作品，本章就来讲解动物摄影绘画的实战技巧。

9.1 生成动物图片的画面主体

画面主体是构成照片的重要组成部分，是引导观众视线和表现摄影主题的关键元素。画面主体可以是人物、风景、物体等任何具有视觉吸引力的事物，在构图上需要进行突出，并与背景形成明显的对比。下面介绍生成动物图片画面主体的操作方法。

STEP 01 在 Midjourney 中通过 imagine 指令输入相应的描述主体的关键词，如 "A newly born leopard on the grassland（草原上刚出生的豹）"，如图 9-1 所示。

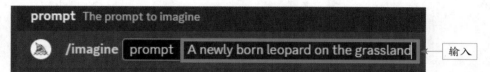

图 9-1 输入相应的关键词

STEP 02 按 "Enter" 键，生成相应的动物图片效果，如图 9-2 所示。

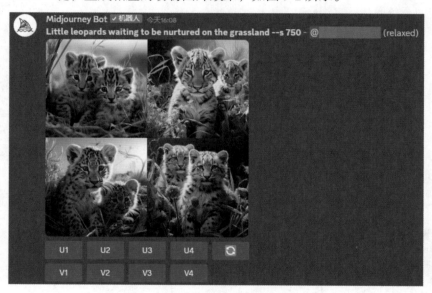

图 9-2 生成相应的动物图片效果

9.2 设置动物图片的画面景别

画面景别所体现的就是主体与环境的关系，不同的景别可以在画面中容纳不同面积的环境，从而影响画面的情绪表达。例如，在上一节的基础上，增加一些描述画面景别的关键词，如 "full shot（全景）"，并通过 Midjourney 生成图片效果，具体操作方法如下。

STEP 01 在 Midjourney 中通过 imagine 指令输入相应的关键词，如图 9-3 所示。

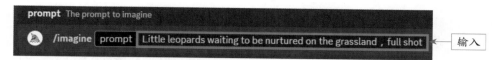

图 9-3　输入相应的关键词

STEP 02 按"Enter"键，即可改变画面的景别，更好地展示动物的形象，生成相应的动物图片，效果如图 9-4 所示。

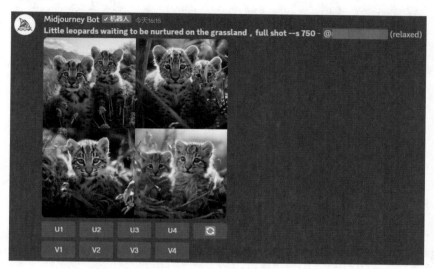

图 9-4　生成相应的动物图片效果

9.3　设置动物图片的拍摄角度

扫码看视频

在摄影中，拍摄角度是指拍摄者相对被拍摄物体的位置和角度，常见的拍摄角度包括俯拍、仰拍、平视、侧拍、斜拍、正面拍摄和背面拍摄等。例如，在上一节的基础上，对关键词进行优化和修改，同时增加一些描述拍摄角度的关键词，如"low-angle shot（仰拍）"，并通过 Midjourney 生成图片效果，具体操作方法如下。

STEP 01 在 Midjourney 中通过 imagine 指令输入相应的关键词，如图 9-5 所示。

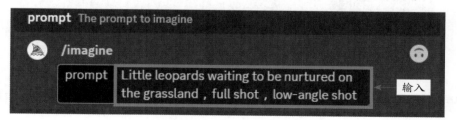

图 9-5　输入相应的关键词

STEP 02 按"Enter"键，即可改变拍摄角度，生成相应的动物图片效果，如图 9-6 所示。

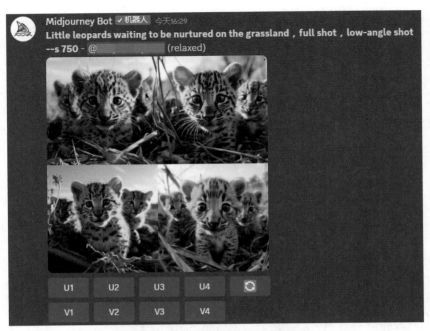

图 9-6 生成相应的动物图片效果

扫码看视频

9.4 设置动物图片的光线角度

在摄影中，光线角度是指光线照射被拍摄物体的方向和角度。不同的光线角度可以营造出不同的氛围和视觉效果，影响照片的色彩、明暗度和阴影等。例如，在上一节的基础上，增加一些描述光线角度的关键词，如"backlight shooting（逆光拍摄），sunlight（太阳光线）"，并通过 Midjourney 生成图片效果，具体操作方法如下。

STEP 01 在 Midjourney 中通过 imagine 指令输入相应的关键词，如图 9-7 所示。

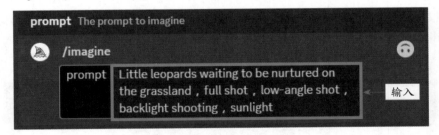

图 9-7 输入相应的关键词

STEP 02 按 "Enter" 键，即可改变画面中的光线角度，生成相应的动物图片效果，如图 9-8 所示。

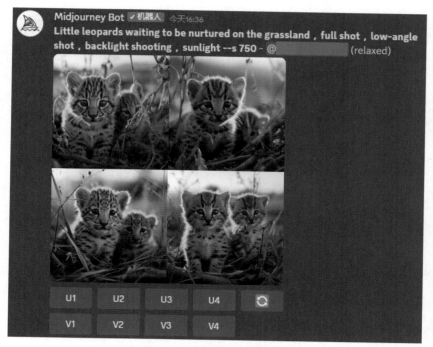

图 9-8 生成相应的动物图片效果

9.5 设置动物图片的构图方式

扫码看视频

采用不同的构图方式可以使画面更加有序、平衡、稳定或富有张力，能够帮助我们更好地表达自己的创作意图，为画面增添更多的视觉魅力。例如，在上一节的基础上，对关键词进行修改，并增加一些描述构图方式的关键词，如"center the composition（中心构图）"，通过 Midjourney 生成图片效果，具体操作方法如下。

STEP 01 在 Midjourney 中通过 imagine 指令输入相应的关键词，如图 9-9 所示。

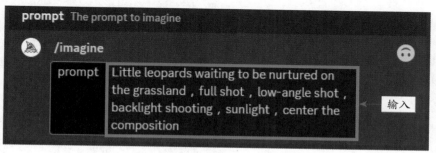

图 9-9 输入相应的关键词

STEP 02 按"Enter"键，即可调整画面的构图方式，生成相应的动物图片效果，如图 9-10 所示。

135

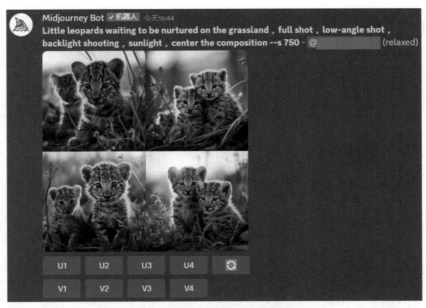

图 9-10 生成相应的动物图片效果

9.6 设置动物图片的摄影风格

扫码看视频　扫码看视频

【效果展示】：摄影风格是摄影师在创作时所采用的一系列表现手法和风格特征，它们能够反映出摄影师的个性和风格。我们可以根据自己的喜好和创作目的选择合适的摄影风格来提升照片的画面效果。例如，在上一节的基础上，增加描述摄影风格的关键词，如"animal photography style（动物摄影风格）"，并添加描述图片尺寸的关键词，如 --ar 3：4，通过 Midjourney 生成图片效果，如图 9-11 所示。

图 9-11 设置尺寸和摄影风格后的图片效果

下面介绍设置动物图片摄影风格的操作步骤。

STEP 01 在 Midjourney 中通过 imagine 指令输入相应的关键词，如图 9-12 所示。

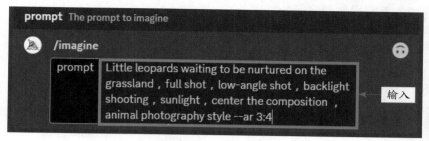

图 9-12 输入相应的关键词

STEP 02 按 "Enter" 键，生成相应的动物图片效果，即可改变画面的摄影风格，呈现出真实、自然的动物形象，如图 9-13 所示。选择其中最合适的一张图片进行放大，效果如图 9-11 所示。

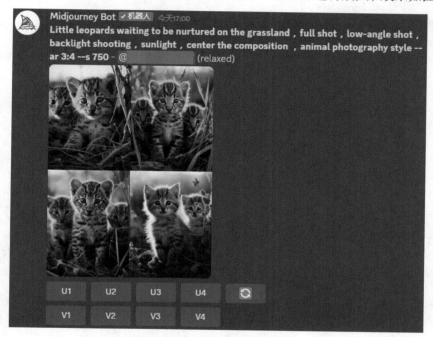

图 9-13 生成相应的动物图片效果

第 10 章
植物摄影绘画实战案例

　　植物摄影是一种将花、草、树木等植物作为主体进行拍摄的摄影领域，这种摄影专注于捕捉植物世界的美丽和细节。本章就来为大家介绍植物摄影绘画的操作技巧，帮助大家快速创作出高质量的摄影作品。

10.1 用 describe 指令生成描述植物的关键词

在 Midjourney 中使用 describe 指令可以快速获取描述图片的关键词，减少提炼关键词所用的时间，用 describe 指令生成的关键词更加符合原图。用 describe 指令生成关键词的具体操作方法如下。

STEP 01 在 Midjourney 中选择"describe"指令，单击"上传🔗"按钮。弹出"打开"对话框，选择相应的图片，单击"打开"按钮将植物图片添加到 Midjourney 的输入框中，如图 10-1 所示。

图 10-1　单击"打开"按钮

STEP 02 按两次"Enter"键，随后 Midjourney 会根据我们上传的植物图片生成 4 段关键词，如图 10-2 所示。

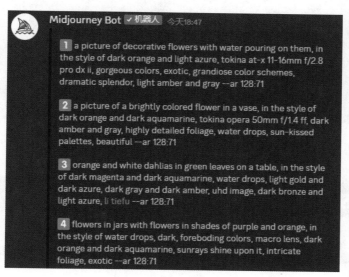

图 10-2　生成 4 段关键词

10.2 用 imagine 指令生成画面主体

在使用 describe 指令生成关键词后，我们可以选择一段合适的关键词将其输入到 imagine 指令中生成画面主体，具体操作方法如下。

STEP 01 在生成的关键词中选择一段进行复制并粘贴至 imagine 指令中，然后进行适当的修改，如图 10-3 所示。

图 10-3 将关键词粘贴至 imagine 指令中

STEP 02 按"Enter"键，生成画面主体，如图 10-4 所示。

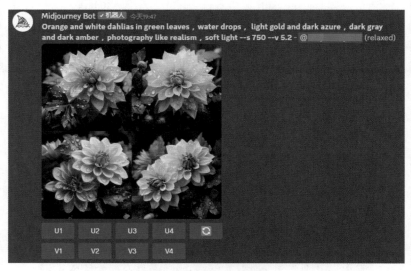

图 10-4 生成画面主体

10.3 用 aspect rations 参数设置画面比例

横向的画面能容纳更多的景物，我们可以用 aspect rations 参数将画面比例设置为 4：3，具体操作方法如下。

STEP 01 通过 imagine 指令输入相应的关键词，然后在已有关键词的基础上添加参数 --ar 4∶3，如图 10-5 所示。

图 10-5 输入关键词并添加参数 --ar 4∶3

STEP 02 按 "Enter" 键，即可将画面比例更改为 4∶3，效果如图 10-6 所示。

图 10-6 更改画面比例后生成的图片

10.4 用 quality 参数设置画面的渲染质量

用 quality 参数提高画面的渲染质量可以让生成的图像产生更多细节，从而使图片更加精美，具体操作方法如下。

STEP 01 通过 imagine 指令输入相应的关键词，然后在已有关键词的基础上添加参数 --quality 1（该关键词不会显示在生成图片的上方），如图 10-7 所示。

STEP 02 按 "Enter" 键，即可改变画面的渲染质量，效果如图 10-8 所示。

图 10-7 输入关键词并添加参数 -- quality 1

图 10-8 更改画面渲染质量后生成的图片

10.5 用 stylize 参数设置画面风格

扫码看效果

扫码看视频

【效果展示】：使用
stylize 参数调整植物图片的
艺术风格，可以使生成的画
面更具有艺术性，效果如图
10-9 所示。

图 10-9 用 stylize 参数设置画面风格后的效果

下面介绍用 stylize 参数设置画面风格的操作步骤。

STEP 01 通过 imagine 指令输入相应的关键词，在已有关键词的基础上添加参数 --stylize 100，如图 10-10 所示。

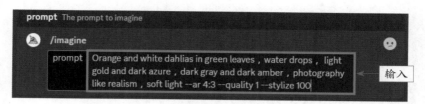

图 10-10 输入关键词并添加参数 --stylize 100

STEP 02 按 "Enter" 键，生成更具有艺术性的图片，效果如图 10-11 所示。

图 10-11 生成更具有艺术性的图片

STEP 03 单击 "U4" 按钮，将第 4 张图片进行放大，效果如图 10-9 所示。

第 11 章
风光摄影绘画实战案例

　　风光摄影是一种专注于捕捉自然风景和户外景观的摄影形式。这种摄影类型旨在展示大自然的美丽、壮观和宏伟，以及探索自然界中的各种元素，如山脉、湖泊、河流、森林、日出、日落和星空等。本章就来为大家讲解风光摄影绘画的实战技巧，帮助大家快速创作出满意的摄影作品。

11.1 描述风光摄影的画面主体

描述画面主体就是把画面的主体内容讲清楚。我们可以通过 Midjourney 进行绘画，生成画面的主体效果图，具体操作方法如下。

STEP 01 在 Midjourney 中通过 imagine 指令输入相应的关键词，如图 11-1 所示。

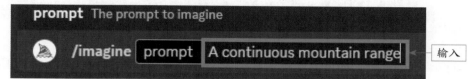

图 11-1 通过 imagine 指令输入相应的关键词

STEP 02 按 "Enter" 键，生成画面主体的图片效果，如图 11-2 所示。

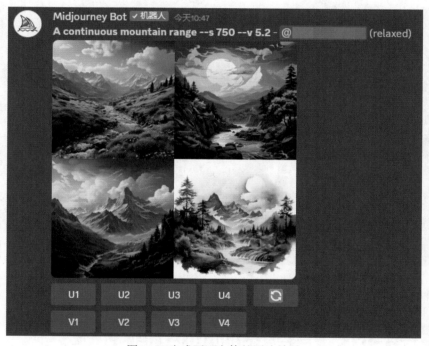

图 11-2 生成画面主体的图片效果

11.2 补充风光摄影的画面细节

画面细节主要用于补充对主体的描述，让 AI 进一步理解你的想法。我们可以在上一节关键词的基础上，增加一些画面细节的描述，如 "the mountaintop is covered in white snow, sunlight，professional photography（山上覆盖着白雪，太阳光线，专业摄影），"然后再次通过 Midjourney 生成图片效果，具体操作方法如下。

(STEP 01) 在 Midjourney 中通过 imagine 指令输入相应的关键词，如图 11-3 所示。

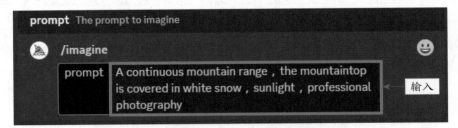

图 11-3 输入相应的关键词

(STEP 02) 按 "Enter" 键，即可生成补充画面细节关键词后的图片效果，如图 11-4 所示。

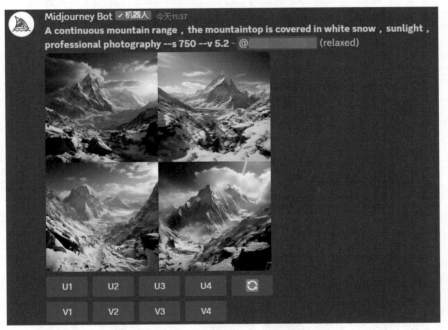

图 11-4 补充画面细节关键词后的图片效果

11.3 指定风光摄影的画面色调

扫码看视频

　　色调在绘画中起着非常重要的作用，可以传达画家想要表达的情感和意境。不同的色调组合可以创造出不同的氛围和情感，从而影响观众对画作的感受和理解。例如，在上一节关键词的基础上，指定画面色调，如 "soft colors（柔和色调）"，并通过 Midjourney 生成图片效果，具体操作方法如下。

(STEP 01) 在 Midjourney 中通过 imagine 指令输入相应的关键词，如图 11-5 所示。

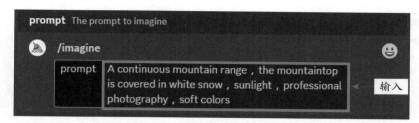

图 11-5　输入相应的关键词

STEP 02 按 "Enter" 键，生成指定画面色调后的图片效果，如图 11-6 所示。

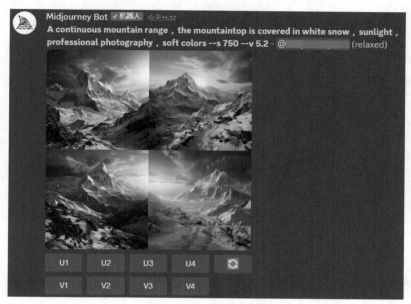

图 11-6　指定画面色调后的图片效果

11.4　设置风光摄影的画面参数

扫码看视频

　　设置画面参数能够进一步调整画面细节，例如，在上一节关键词的基础上，设置一些画面参数如 "4K --chaos 60"，让画面细节更加真实、精美，具体操作方法如下。

STEP 01 在 Midjourney 中通过 imagine 指令输入相应的关键词，如图 11-7 所示。

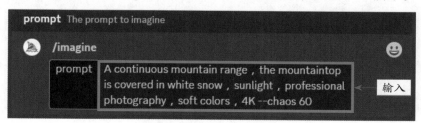

图 11-7　输入相应的关键词

STEP 02 按"Enter"键,生成设置画面参数后的图片效果,如图 11-8 所示。

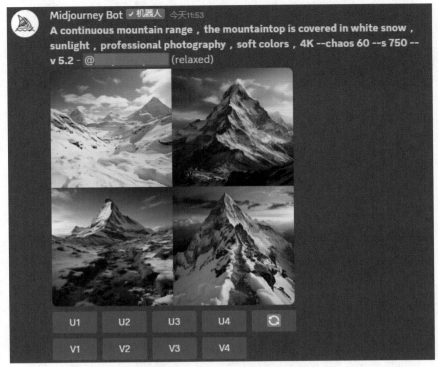

图 11-8 设置画面参数后的图片效果

11.5 指定风光摄影的艺术风格

扫码看视频

在 AI 绘画中指定作品的艺术风格,能够更好地表达作品的情感、思想和观点。例如,在上一节关键词的基础上,增加一个描述艺术风格的关键词,如"the documentary style(纪实主义风格)",并通过 Midjourney 生成图片效果,具体操作方法如下。

STEP 01 在 Midjourney 中通过 imagine 指令输入相应的关键词,如图 11-9 所示。

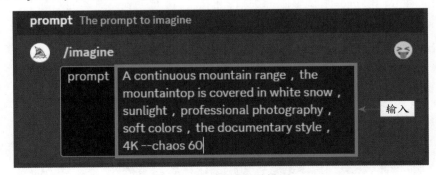

图 11-9 输入相应的关键词

STEP 02 按"Enter"键,生成指定艺术风格后的图片效果,如图 11-10 所示。

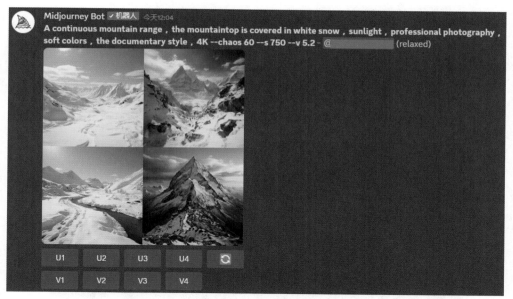

图 11-10 指定艺术风格后的图片效果

11.6 设置风光摄影的画面尺寸

扫码看视频

【效果展示】：画面尺寸的选择直接影响图片的视觉效果，我们可以根据自身需求设置画面的尺寸。例如，在上一节关键词的基础上设置相应的画面尺寸，如增加关键词 --ar 4∶3，并通过 Midjourney 生成图片效果，如图 11-11 所示。

图 11-11 设置风光摄影画面尺寸后的图片效果

STEP 01 在 Midjourney 中通过 imagine 指令输入相应的关键词，如图 11-12 所示。

STEP 02 按 "Enter" 键，即可生成设置画面尺寸后的图片效果，如图 11-13 所示。单击对应按钮放大图片，如单击 "U3" 按钮，效果如图 11-11 所示。

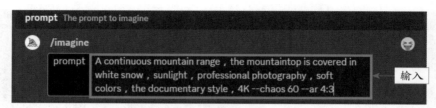

图 11-12 输入相应的关键词

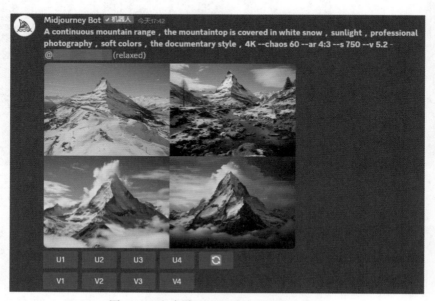

图 11-13 生成设置画面尺寸后的图片效果

第 12 章
建筑摄影绘画实战案例

建筑摄影是一种专注于捕捉建筑物和结构的摄影艺术。它旨在展示建筑的设计、结构、材料和环境。建筑摄影是一门充满挑战性和创造性的摄影领域，它要求摄影师具备技术知识、审美眼光和艺术感觉，以捕捉建筑物的美丽和独特性。

12.1 上传建筑摄影的参考图

在创作建筑摄影作品时，可能直接输入关键词难以生成让人满意的图片。对于这种情况，我们可以先准备一张类似的建筑摄影图片，并将其上传至 Midjourney 中作为参考图，具体操作步骤如下。

STEP 01 ❶单击 Midjourney 输入框左侧的"加号"按钮⊕；❷在弹出的列表框中，选择"上传文件"选项，如图 12-1 所示。

STEP 02 在弹出的"打开"对话框中，❶选择要上传的参考图；❷单击"打开"按钮，如图 12-2 所示。

图 12-1 选择"上传文件"选项　　　　　　　　　　图 12-2 打开对应的图片

STEP 03 执行操作后，文件传输区中将出现对应的图片，如图 12-3 所示。

STEP 04 按"Enter"键，即可将建筑摄影图片上传到 Midjourney 中，如图 12-4 所示。此时，我们只需将其作为参考图进行相关操作即可。

图 12-3 文件传输区中出现对应的图片　　　　图 12-4 将建筑摄影图片上传到 Midjourney 中

12.2 生成建筑图片的画面主体

参考图上传成功后，我们可以复制该图片的链接地址并添加相关的关键词，生成建筑图片的画面主体，具体操作步骤如下。

STEP 01 在 Midjourney 中单击上传的图片，会出现该图片的放大图，在放大图中单击鼠标右键，在弹出的快捷菜单中选择"复制图片地址"选项，如图 12-5 所示。

图 12-5 选择"复制图片地址"选项

STEP 02 在"imagine"指令的输入框中粘贴图片的链接地址，在链接地址的后面添加关键词"A cross river bridge"（一座跨江大桥），如图 12-6 所示。

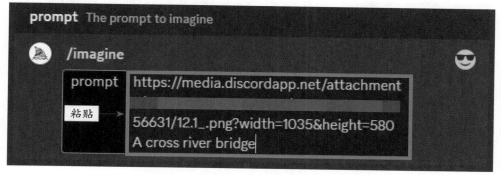

图 12-6 粘贴图片的链接地址并添加关键词

STEP 03 按"Enter"键，Midjourney 即可根据链接地址和关键词生成 4 张建筑摄影图片，如图 12-7 所示。

图 12-7 生成 4 张建筑摄影图片

12.3 设置建筑图片的构图方式

扫码看视频

我们可以为建筑图片设置合适的构图方式，如斜线构图（oblique line composition），让生成的建筑摄影图片呈现出更好的视觉效果，具体操作步骤如下。

STEP 01 在 Midjourney 中通过 imagine 指令粘贴参考图链接地址并输入描述主体和构图方式的关键词，如图 12-8 所示。

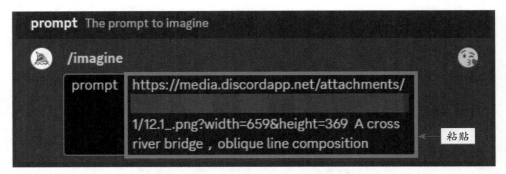

图 12-8 粘贴参考图链接地址并输入描述主体和构图方式的关键词

STEP 02 按 "Enter" 键，即可调整图片的构图方式，生成相应的建筑图片效果，如图 12-9 所示。

图 12-9　调整图片的构图方式

12.4　设置建筑图片的相关参数

扫码看视频

有时我们会对生成的建筑摄影图片有特定的要求，此时可以通过相关参数的设置让生成的图片更好地满足我们的需求。例如，我们可以将画质设置为 8K，画面比例设置为 16：9，具体操作步骤如下。

STEP 01 在 Midjourney 中通过 imagine 指令粘贴参考图链接地址并输入关于主体、构图方式和相关参数的关键词，如图 12-10 所示。

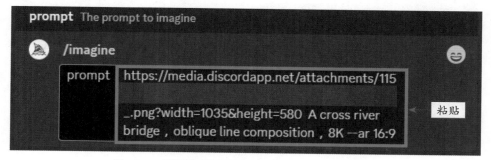

图 12-10　粘贴参考图链接地址并输入相关的关键词

STEP 02 按 "Enter" 键，即可调整图片的相关参数，并生成更符合需求的图片，如图 12-11 所示。

图 12-11 调整图片的相关参数

12.5 调整建筑摄影的出图效果

扫码看效果　扫码看视频

【效果展示】：我们可以在上一节生成的图片的基础上，进行简单操作，调整建筑摄影的出图效果，如图 12-12 所示。

图 12-12 调整图片的相关参数

下面介绍调整建筑摄影的出图效果的操作步骤。

STEP 01 如果对上一节生成的某张图片比较满意，可以单击对应的 U 按钮，查看图片的效果。

例如，单击"U4"按钮，效果如图 12-13 所示。

图 12-13　单击"U4"按钮

STEP 02 此时可以单击 Vary（strong）按钮或 Vary（Subtle）按钮，例如，单击"Vary（strong）"按钮，即可生成 4 张新的建筑摄影图片，效果如图 12-14 所示。

图 12-14　生成 4 张新的建筑摄影图片

STEP 03 如果对某张图片比较满意，可以单击对应的 U 按钮，查看图片的效果。例如，单击"U1"按钮，效果如图 12-12 所示。

第 13 章
美食摄影绘画实战案例

美食摄影是一种专注于拍摄食物和饮品等美食的摄影艺术，成功的美食摄影不仅能够让观众口水直流，还能够传达出关于美食的故事和情感。本章将通过具体的实战案例，让大家快速掌握美食摄影绘画的创作技巧。

扫码看视频

13.1 用 ChatGPT 生成美食的关键词

在 ChatGPT 中输入相应的提示词，对 ChatGPT 进行提问，获取中餐美食的关键词，如图 13-1 所示。

> OU　请用150字左右描述某种中餐美食的外观

> 麻辣火锅是中国独具特色的中餐美食之一。一道麻辣火锅的外观令人垂涎欲滴。首先，它通常摆放在火红的锅底上，火焰在锅底舞动，形成一种令人激动的画面。锅中充满了各种食材，如薄切的牛肉、羊肉、虾、鱼丸和蔬菜，色彩丰富多样，绿色的蔬菜、红色的辣椒、白色的豆腐，构成了一幅艳丽的画面。
>
> 在火锅中央，有一碗浓郁的麻辣汤底，散发着辣椒和花椒的香气，红油在表面漂浮，给整道菜色彩与辣味的强烈对比。食材在滚烫的锅中涮烫，吸收了汤底的香味，逐渐变得鲜嫩可口。每一口都伴随着辣味与麻味的交织，唤起味蕾的激情，令人陶醉。整个火锅过程充满互动，是一种独特的中餐美食体验。

图 13-1　获取美食摄影作品的内容

再次对 ChatGPT 进行提问，让它提炼出一段关键词并翻译为英文，如图 13-2 所示。此时，提炼出的英文关键词即可作为生成美食摄影作品的关键词。

> OU　从上述中餐美食外观的描述中提炼出一段关键词并将其翻译为英文

> 关键词翻译：
>
> "A fiery red pot base with thinly sliced ingredients, including vegetables, immersed in a rich and spicy soup base emitting the aroma of chili and Sichuan peppercorns, with red oil floating on the boiling pot. The ingredients become tender and flavorful as they soak up the broth, creating an interplay of spiciness and numbing sensation in this unique Chinese culinary experience."

图 13-2　提炼出的关键词

13.2 输入关键词自动生成美食图片

扫码看视频

在 ChatGPT 中生成美食图片的关键词后，我们可以将其直接输入到 Midjourney 中生成对应的图片。下面介绍输入关键词后自动生成美食图片的具体操作方法。

STEP 01 在 Midjourney 中调用 imagine 指令，输入在 ChatGPT 中生成的图片关键词，如图 13-3 所示。

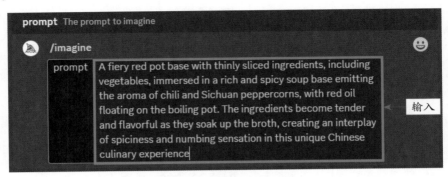

图 13-3 输入相应的关键词

STEP 02 按 "Enter" 键，Midjourney 将生成 4 张对应的图片，如图 13-4 所示。

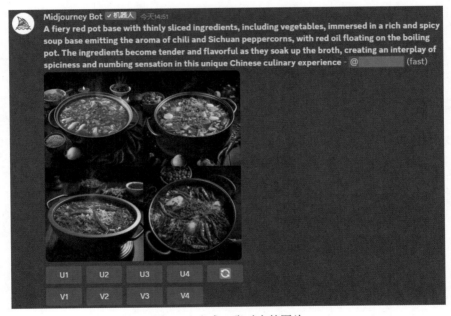

图 13-4 生成 4 张对应的图片

13.3 添加摄影指令增强美食图片的真实感

扫码看视频

从上一节的效果图中可以看到，直接通过 ChatGPT 提供的关键词生成的图片有些不够真实，因此需要添加一些专业的摄影指令来增强美食图片的真实感，具体操作方法如下。

STEP 01 在 Midjourney 中调用 imagine 指令输入相应的关键词，如图 13-5 所示，在上一节的基础上添加带有真实感的关键词，如"photography like realism（像摄影般的真实感）"。

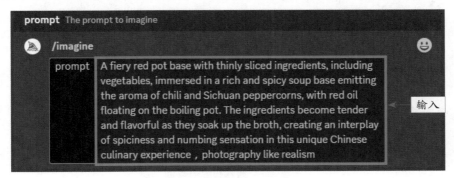

图 13-5 输入相应关键词

STEP 02 按"Enter"键，Midjourney 将生成 4 张提升了画面真实感的图片，效果如图 13-6 所示。

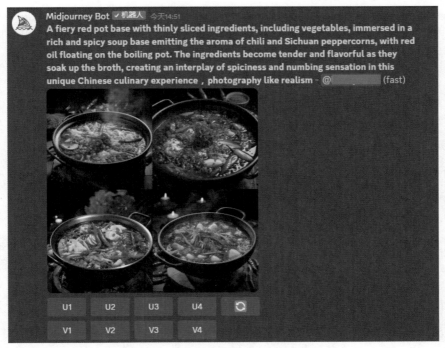

图 13-6 Midjourney 生成的图片效果

13.4 添加细节元素丰富美食图片

扫码看视频

接下来在关键词中添加一些细节元素的描写，以丰富画面效果，使 Midjourney 生成的美食图片更加生动、有趣和吸引人，具体操作方法如下。

STEP 01 在 Midjourney 中调用 imagine 指令并输入相应的关键词，如在上一节的基础上增加了关键词"there are some ingredients next to the hot pot（火锅旁边放着一些食材）"，如图 13-7 所示。

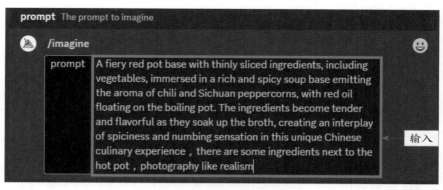

图 13-7 输入相应关键词

STEP 02 按"Enter"键，Midjourney 将生成 4 张对应的图片，可以看到画面中的细节元素变得更丰富了，效果如图 13-8 所示。

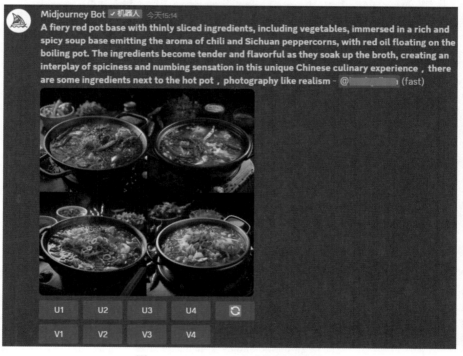

图 13-8 Midjourney 生成的图片效果

13.5 调整美食画面的光线和色彩

扫码看视频

接下来在关键词中增加一些与光线和色彩相关的关键词，来增强画面的整体视觉冲击力，让生成的美食图片更加美观，具体操作方法如下。

STEP 01 在 Midjourney 中调用 imagine 指令并输入相应的关键词，如在上一节关键词的基础上增加描述光线和色彩的关键词，如"soft light, gorgeous colors（柔和的光线，绚丽的色彩）"，如图 13-9 所示。

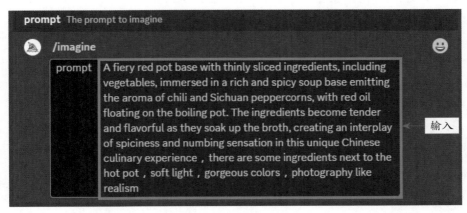

图 13-9　输入相应的关键词

STEP 02 按 "Enter" 键，Midjourney 将生成 4 张对应的图片，营造出更加逼真的影调，效果如图 13-10 所示。

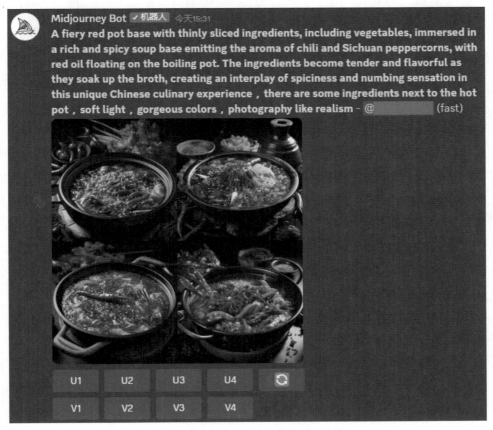

图 13-10　Midjourney 生成的图片效果

扫码看效果

扫码看视频

13.6 提升美食图片的出图品质

【效果展示】：最后增加一些关于出图品质的关键词，并适当改变画面的比例，让画面拥有更加宽广的视野。提升美食图片的出图品质，效果如图 13-11 所示。

图 13-11 Midjourney 生成的图片效果

下面介绍提升美食图片的出图品质的操作步骤。

STEP 01 在 Midjourney 中调用 imagine 指令并输入相应的关键词，如在上一节的基础上增加了关键词 "8K resolution（8K 分辨率）--ar 4 : 3"，如图 13-12 所示。

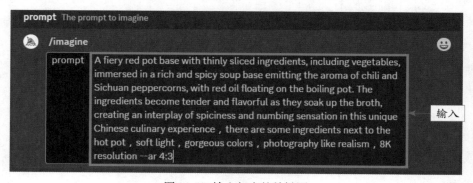

图 13-12 输入相应的关键词

STEP 02 按 "Enter" 键，Midjourney 将生成画面更加清晰、细腻和真实的图片，效果如图 13-13 所示。选择其中最合适的一张进行放大，效果如图 13-11 所示。

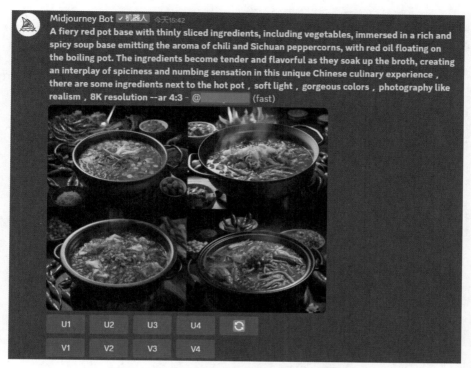

图 13-13　生成画面更加清晰、细腻和真实的图片

第 14 章
微距摄影绘画实战案例

无论是可爱的小猫、小老虎，还是凶猛的狮子，都可以采用微距摄影进行拍摄。其实，除了去实地拍摄，我们还可以借助 AI 绘画软件来创作微距摄影作品，本章就来讲解微距摄影绘画的实战技巧。

14.1　生成微距图片的主体效果

我们可以先明确微距摄影要展示的主体对象，然后通过输入相关的关键词生成相关的图片，具体操作步骤如下。

STEP 01 在 Midjourney 中通过 imagine 指令输入相应的主体描述关键词，如 "An inseet perched on the grass（一只昆虫栖息在草上）"，如图 14-1 所示。

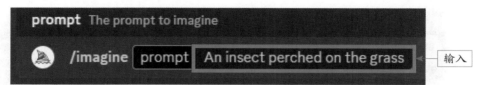

图 14-1　输入相应的关键词

STEP 02 按 "Enter" 键，生成微距图片的主体效果，如图 14-2 所示。

图 14-2　生成微距图片的主体效果

14.2　设置微距图片的画面景别

我们可以为微距图片选择合适的景别，让主体对象更好地呈现出来。例如，在上一节关键词的基础上，增加一些描述画面景别的关键词，如 "close up（特写）"，并通过

Midjourney 生成图片效果，具体操作方法如下。

STEP 01 在 Midjourney 中通过 imagine 指令输入相应的关键词，如图 14-3 所示。

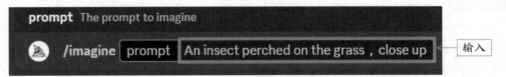

图 14-3 输入相应的关键词

STEP 02 按"Enter"键，即可改变画面的景别，让主体更靠近镜头一些，生成相应的微距图片效果，如图 14-4 所示。

图 14-4 生成相应的微距图片效果

14.3 设置微距图片的拍摄角度

扫码看视频

我们可以根据自身需求，为微距摄影图片设置合适的拍摄角度。例如，在上一节关键词的基础上，增加一些描述拍摄角度的关键词，如"frontal shooting（正面拍摄）"，并通过 Midjourney 生成图片效果，具体操作方法如下。

STEP 01 在 Midjourney 中通过 imagine 指令输入相应的关键词，如图 14-5 所示。

STEP 02 按"Enter"键，即可改变对应微距图片的拍摄角度，生成相应的微距图片效果，如图 14-6 所示。

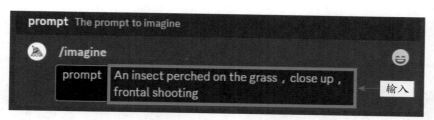

图 14-5　输入相应的关键词

图 14-6　生成相应的微距图片效果

14.4　设置微距图片的光线角度

在上一节关键词的基础上，增加一些描述光线角度的关键词，如"backlight shooting（逆光拍摄），raking light（侧光）"，并通过 Midjourney 生成图片效果，具体操作方法如下。

STEP 01 在 Midjourney 中通过 imagine 指令输入相应的关键词，如图 14-7 所示。

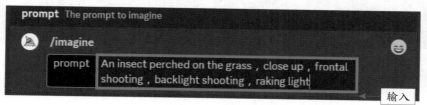

图 14-7　输入相应的关键词

STEP 02 按 "Enter" 键，即可改变画面中的光线角度，生成相应的微距图片效果，如图 14-8 所示。

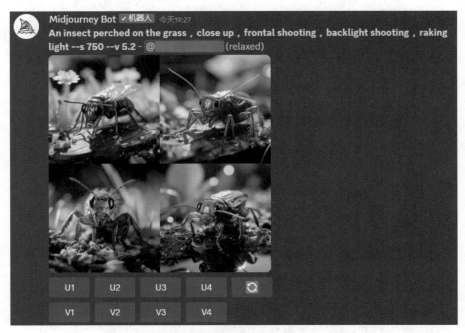

图 14-8 生成相应的微距图片效果

14.5 设置微距图片的构图方式

我们可以在上一节的基础上设置微距图片的构图方式，为画面增添更多的视觉魅力。例如，在上一节关键词的基础上，增加一些描述构图方式的关键词，如 "macro composition（微距构图）"，并通过 Midjourney 生成图片效果，具体操作方法如下。

STEP 01 在 Midjourney 中通过 imagine 指令输入相应的关键词，如图 14-9 所示。

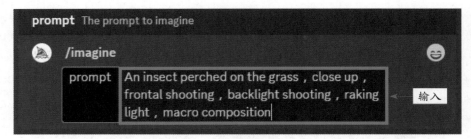

图 14-9 输入相应的关键词

STEP 02 按 "Enter" 键，即可调整画面的构图方式，生成相应的微距图片效果，如图 14-10 所示。

图 14-10 生成相应的微距图片效果

14.6 设置微距图片的摄影风格

扫码看效果

扫码看视频

【效果展示】：在上一节关键词的基础上，增加描述摄影风格的关键词，如 "animal photography style（动物摄影风格）"，并添加关于图片尺寸的关键词，如 --ar 16∶9，通过 Midjourney 生成的图片效果，如图 14-11 所示。

图 14-11 设置微距图片摄影风格后的图片效果

下面介绍设置微距图片的摄影风格的操作步骤。

STEP 01 在 Midjourney 中通过 imagine 指令输入相应的关键词，如图 14-12 所示。

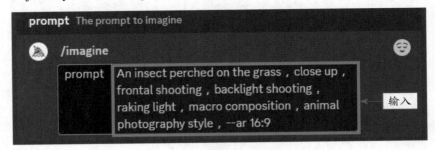

图 14-12 输入相应的关键词

STEP 02 按 "Enter" 键，即可改变画面的摄影风格，生成相应的微距图片效果，呈现出真实、自然的主体形象，如图 14-13 所示。选择其中最合适的一张进行放大，效果如图 14-11 所示。

图 14-13 生成相应的微距图片效果

第 15 章
星空摄影绘画实战案例

星空摄影是一门迷人的摄影艺术，旨在捕捉夜空中闪烁的星星、行星、银河和其他天体的美丽，这种摄影需要在极低的光污染环境下进行拍摄。本章就来为大家介绍星空摄影绘画的操作技巧，帮助大家快速创作出高质量的星空摄影作品。

扫码看视频

15.1 用 describe 指令生成星空的关键词

我们可以直接在 Midjourney 中使用 describe 指令获取星空摄影图片的关键词，具体操作方法如下。

STEP 01 在 Midjourney 中选择"describe"指令，单击"上传"按钮。弹出"打开"对话框，选择相应的图片，单击"打开"按钮，将星空图片添加到 Midjourney 的输入框中，如图 15-1 所示。

图 15-1 单击"打开"按钮

STEP 02 按两次"Enter"键，Midjourney 会根据我们上传的星空图片生成 4 段关键词，如图 15-2 所示。

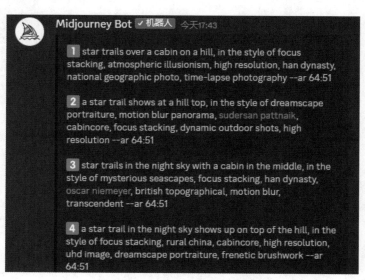

图 15-2 生成 4 段关键词

扫码看视频

15.2 用 imagine 指令生成星空的画面主体

在使用 describe 指令生成描述星空的关键词后，我们可以选择一段合适的关键词，将其输入到 imagine 指令中生成画面主体，具体操作方法如下。

STEP 01 在生成的关键词中选择一段复制并粘贴至 imagine 指令中，然后进行适当的修改，如图 15-3 所示。

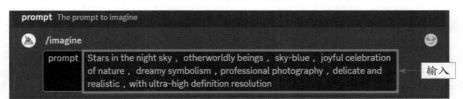

图 15-3 设置关键词

STEP 02 按 "Enter" 键，生成星空图片的画面主体，如图 15-4 所示。

图 15-4 生成星空图片的画面主体

15.3 用 aspect rations 参数设置星空的画面比例

扫码看视频

横向的画面能容纳更多的景物，我们可以用 aspect rations 参数将画面比例设置为 6∶5，具体操作方法如下。

STEP 01 通过 imagine 指令输入相应的关键词，然后添加参数 --ar 6∶5，如图 15-5 所示。

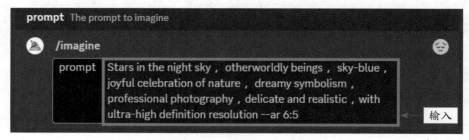

图 15-5 输入相关的关键词并添加参数 --ar 6∶5

STEP 02 按 "Enter" 键，即可将画面比例更改为 6∶5，效果如图 15-6 所示。

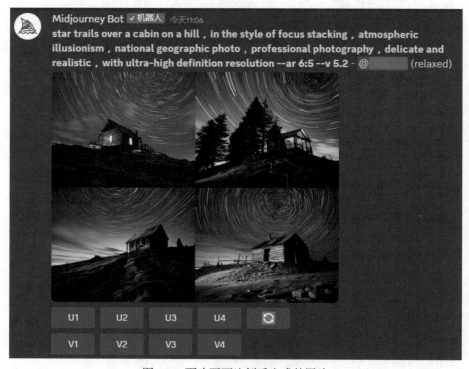

图 15-6 更改画面比例后生成的图片

15.4 用 quality 参数设置星空的画面渲染质量

扫码看视频

我们可以通过设置 quality 参数，让生成的星空摄影图片产生更多细节，提高图片的美观度，具体操作方法如下。

STEP 01 通过 imagine 指令输入相应的关键词，然后添加参数 --quality 1，如图 15-7 所示（该关键词不会显示在生成的图片的上方）。

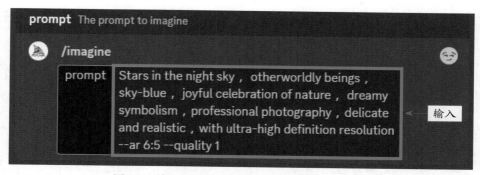

图 15-7　输入相关的关键词并添加参数 -- quality 1

STEP 02 按 "Enter" 键，即可改变画面的渲染质量，效果如图 15-8 所示。

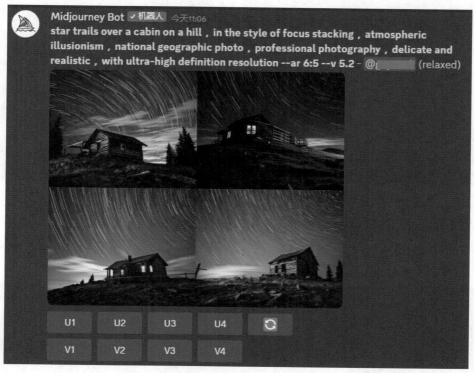

图 15-8　更改画面渲染质量后生成的图片

15.5 用 stylize 参数设置星空的画面风格

【效果展示】：用 stylize 参数设置星空图片的艺术风格，可以使生成的画面更具有艺术性，效果如图 15-9 所示。

图 15-9 用 stylize 参数设置星空画面艺术风格的效果

下面介绍用 stylize 参数设置星空画面风格的操作步骤。

STEP 01 通过 imagine 指令输入相应的关键词，然后在关键词的基础上添加参数 --stylize 50，如图 15-10 所示。

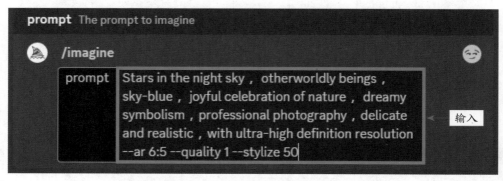

图 15-10 输入相关的关键词并添加参数 --stylize 50

STEP 02 按 "Enter" 键，即可生成 4 张更具有艺术性的星空摄影图片，效果如图 15-11 所示。

STEP 03 单击 "U2" 按钮，选择第 2 张图片进行放大，效果如图 15-9 所示。

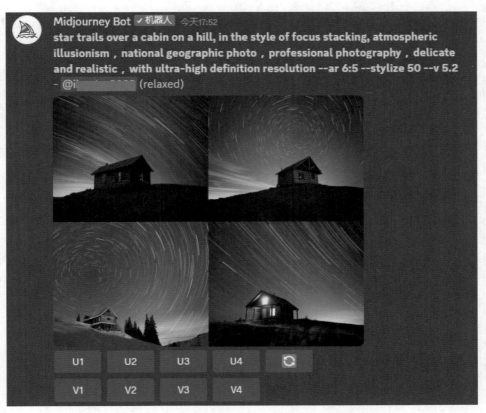

图 15-11 生成 4 张更具有艺术性的星空摄影图片

第 16 章
黑白摄影绘画实战案例

　　黑白摄影是一种通过捕捉和呈现图像的灰度值，来表达主题、情感和艺术观点的摄影艺术形式。它可以通过剥离色彩、强调对比和形式，以及艺术性的构图，传达出深刻的情感和故事。本章就来为大家讲解黑白摄影绘画的实战技巧，帮助大家快速创作出满意的黑白摄影作品。

16.1 描述黑白摄影的画面主体

在创作黑白摄影作品时，我们需要先把画面的主体内容讲清楚。我们可以通过 Midjourney 进行绘画，生成黑白摄影的画面主体，具体操作方法如下。

STEP 01 在 Midjourney 中通过 imagine 指令输入相应的关键词，如图 16-1 所示。

图 16-1 通过 imagine 指令输入相应的关键词

STEP 02 按"Enter"键，生成画面的主体，效果如图 16-2 所示。

图 16-2 生成画面的主体

16.2 补充黑白摄影的画面细节

我们可以通过补充画面细节，让画面内容更加丰富和具体。例如，在上一节关键词的基础上，增加一些描述画面细节的关键词，如"water plants grow around，sunlight，professional photography，delicate and realistic，ultra-high definition resolution（周围长着水草，太阳光线，专业摄影，细腻逼真，超高清分辨率），"然后通过 Midjourney 生成图片效果，具体操作方法如下。

STEP 01 在 Midjourney 中通过 imagine 指令输入相应的关键词，如图 16-3 所示。

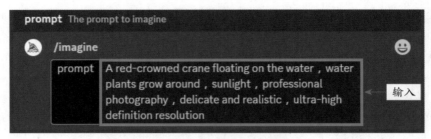

图 16-3 输入相应的关键词

STEP 02 按"Enter"键，即可生成补充画面细节关键词后的图片效果，如图 16-4 所示。

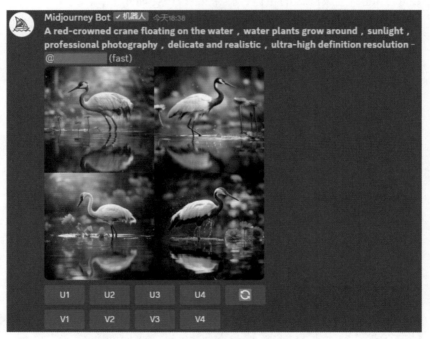

图 16-4 补充画面细节关键词后的图片效果

16.3 指定黑白摄影的画面色调

扫码看视频

我们可以通过指定色调来创造特定的氛围，从而让观众更好地感受和理解你要表达的情感。例如，我们可以在上一节关键词的基础上，增加画面色调的关键词，如"black and white tone（黑白色调）"，并通过 Midjourney 生成图片效果，具体操作方法如下。

STEP 01 在 Midjourney 中通过 imagine 指令输入相应的关键词，如图 16-5 所示。

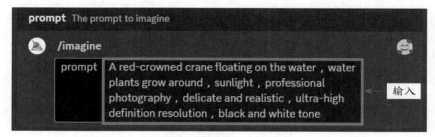

图 16-5　输入相应的关键词

STEP 02 按 "Enter" 键，即可生成指定画面色调后的图片效果，如图 16-6 所示。

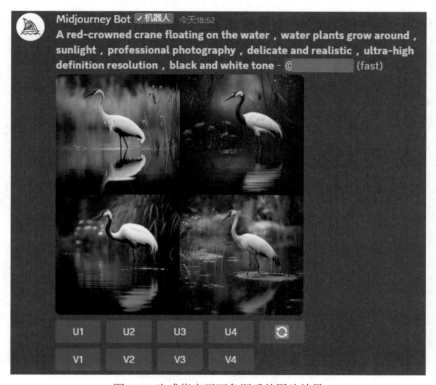

图 16-6　生成指定画面色调后的图片效果

16.4　设置黑白摄影的画面参数

扫码看视频

　　我们可以通过设置画面的参数，进一步调整画面的细节。例如，在上一节关键词的基础上，增加一些关于画面参数的关键词，如 "8K --chaos 50"，让生成的黑白摄影图片更加符合我们的需求，具体操作方法如下。

STEP 01 在 Midjourney 中通过 imagine 指令输入相应的关键词，如图 16-7 所示。

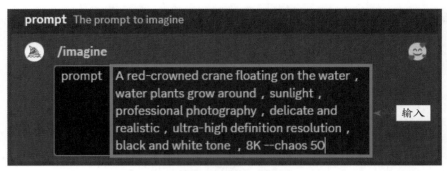

图 16-7 输入相应的关键词

STEP 02 按"Enter"键,生成设置画面参数后的黑白摄影图片效果,如图 16-8 所示。

图 16-8 设置画面参数后的黑白摄影图片效果

16.5 指定黑白摄影的艺术风格

扫码看视频

我们可以根据要创作的黑白摄影效果,指定对应的艺术风格。例如,在上一节关键词的基础上,增加一个关于艺术风格的关键词,如"the documentary style(纪实主义风格)",并通过 Midjourney 生成黑白摄影的图片效果,具体操作方法如下。

STEP 01 在 Midjourney 中通过 imagine 指令输入相应的关键词,如图 16-9 所示。

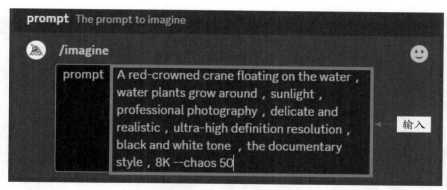

图 16-9　输入相应的关键词

STEP 02 按 "Enter" 键，生成指定艺术风格后的图片效果，如图 16-10 所示。

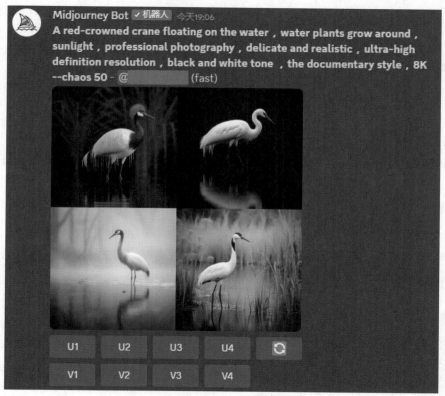

图 16-10　指定艺术风格后的图片效果

16.6　设置黑白摄影的画面尺寸

扫码看效果

扫码看视频

【效果展示】：我们可以根据需求，为黑白摄影图片设置合适的画面尺寸。例如，在上一节关键词的基础上添加关于画面尺寸的关键词，如 --ar 6∶5，并通过 Midjourney 生成图片效果，如图 16-11 所示。

图 16-11 设置黑白摄影画面尺寸后的图片效果

设置黑白摄影画面尺寸的具体的操作方法如下。

STEP 01 在 Midjourney 中通过 imagine 指令输入相应的关键词，如图 16-12 所示。

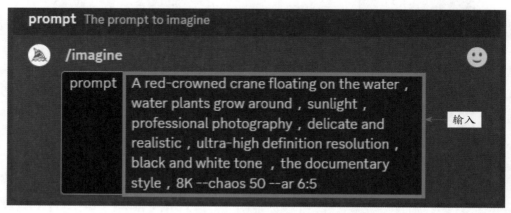

图 16-12 输入相应的关键词

STEP 02 按 "Enter" 键，即可生成设置画面尺寸后的图片效果，如图 16-13 所示。单击对应按钮放大图片，如单击 "U3" 按钮，效果如图 6-11 所示。

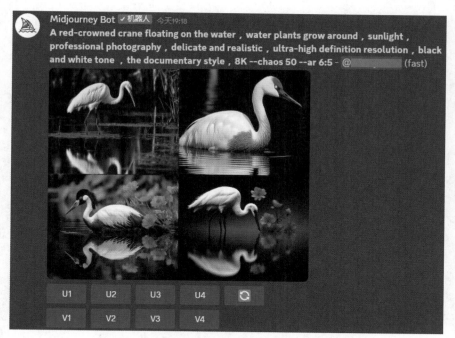

图 16-13　生成设置画面尺寸后的图片效果

▶　专家指点

虽然输入了关键词 black and white tone，但是 Midjourney 也会生成一些带有彩色的图片。如果我们要创作纯黑白的摄影作品，可以选择只有黑白色的图片进行调整。

第 17 章
商品摄影绘画实战案例

商品摄影是一种专门用于拍摄商品或产品的摄影艺术和技术。它的主要目的是展示产品的外观、特征和细节，以吸引潜在客户，并促使他们购买这些产品。本章将以商品短视频的创作为例，为大家讲解相关的实战技巧。

17.1 获取商品摄影的文案关键词

扫码看效果　扫码看视频

【**效果展示**】：在制作商品短视频之前，我们可以借助 ChatGPT 来获取文案关键词。例如，我们要创作水果店的商品摄影图片素材，可以先用 ChatGPT 帮我们生成商品摄影的文案关键词，效果如图 17-1 所示。

> OU　请将上述文案关键词翻译为英文

> "Banana: Graceful curves, sunny golden hue, smooth skin enfolding soft flesh. The smile of natural beauty, emitting freshness, full of nature's allure."

图 17-1　获得水果店的商品摄影文案关键词

下面介绍获得商品摄影文案关键词的具体操作方法。

 在 ChatGPT 的输入框中输入指令，如输入"请你充当 AI 绘画师，描述香蕉的外观，并绘出 50 字数左右的文案关键词"，如图 17-2 所示。

请你充当AI绘画师，描述香蕉的外观，并给出50字左右的文案关键词　←　输入

Free Research Preview. ChatGPT may produce inaccurate information about people, places, or facts. ChatGPT August 3 Version

图 17-2　在输入框中输入指令（1）

 单击"发送"按钮▶，ChatGPT 会给出香蕉的绘画文案关键词，如图 17-3 所示。

> OU　请你充当AI绘画师，描述香蕉的外观，并给出50字左右的文案关键词

> 香蕉：曲线柔美，阳光金黄，光滑的外皮包裹着柔软的果肉。自然之美的微笑，散发着清香，充满了自然的诱惑。

图 17-3　ChatGPT 给出香蕉的文案关键词

STEP 03 在 ChatGPT 中继续输入"请将上述文案关键词翻译为英文"，如图 17-4 所示，让 ChatGPT 提供翻译帮助。

请将上述文案关键词翻译为英文 ← 输入

Free Research Preview. ChatGPT may produce inaccurate information about people, places, or facts. ChatGPT August 3 Version

图 17-4 在输入框中输入指令（2）

STEP 04 在新的指令下，ChatGPT 会按照要求给出英文翻译，效果如图 17-1 所示。

运用同样的方法，可以让 ChatGPT 提供苹果、葡萄和橙子的绘画文案关键词。我们可以根据自己的需求，从中提炼出各种水果对应的关键词，再运用 ChatGPT 翻译为英文，做好 AI 绘画准备。

17.2 生成商品摄影短视频的素材

扫码看效果 扫码看视频

【效果展示】：借助 ChatGPT 或文心一格生成水果摄影文案关键词以后，接下来可以利用 Midjourney 绘制出我们需要的水果图片，效果如图 17-5 所示。

图 17-5 生成摄影图片素材

下面介绍利用 Midjourney 生成摄影图片素材的具体操作方法。

STEP 01 在 Midjourney 中通过 imagine 指令输入 ChatGPT 提供的关键词并设置相关的参数，按"Enter"键，Midjourney 将生成 4 张对应的香蕉图片，如图 17-6 所示。

STEP 02 在生成的 4 张图片中，选择其中最合适的一张，这里选择第 1 张，单击"U1"按钮，如图 17-7 所示。

STEP 03 执行操作后，Midjourney 将在第 1 张图片的基础上进行更加精细的刻画，并放大图片，效果如图 17-5 所示。

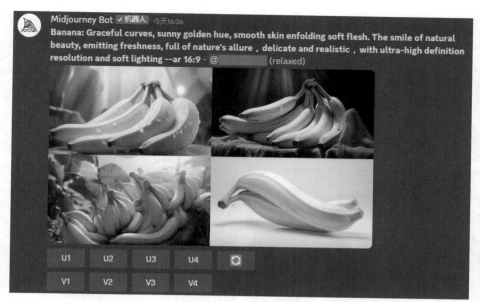

图 17-6　生成 4 张对应的香蕉图片

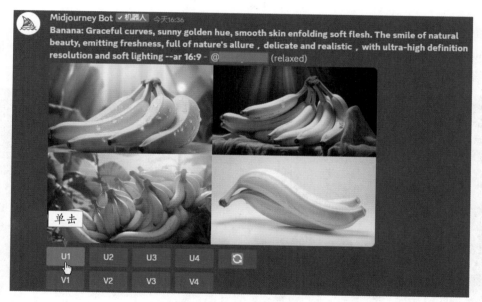

图 17-7　单击"U1"按钮

运用同样的方法，在 Midjourney 中生成苹果、葡萄和橙子的图片，并将其作为素材进行保存。

17.3　完成商品摄影短视频的制作

扫码看效果

扫码看视频

【效果展示】：我们可以使用剪映软件的"模板"功能，快速完成商品摄影短视频的制作，视频截图如图 17-8 所示。

图 17-8 制作摄影短视频的效果

下面介绍制作商品摄影短视频的具体操作方法。

STEP 01 在计算上启动剪映软件，在首页的左侧导航栏中，单击"模板"按钮，进入"模板"界面，设置相关信息，对模板进行筛选，如图 17-9 所示。

图 17-9 设置模板的相关信息

STEP 02 按"Enter"键，即可搜索到相关的视频模板，选择相应的模板，单击"使用模板"按钮，如图 17-10 所示。

图 17-10　单击"使用模板"按钮

STEP 03 执行操作后，即可下载该模板，并进入"模板编辑"界面，在"时间线"窗口中单击"第 1 个视频片段的导入"按钮 ，如图 17-11 所示。

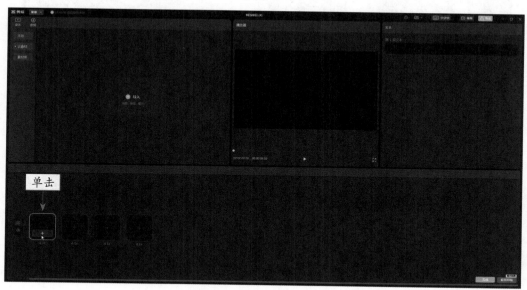

图 17-11　单击"导入"按钮

STEP 04 执行操作后，会弹出"请选择媒体资源"对话框，在该对话框中选择相应的图片素材，如图 17-12 所示。

STEP 05 单击"打开"按钮，即可将该图片素材添加到视频片段中，同时导入到本地媒体资源库中，如图 17-13 所示。

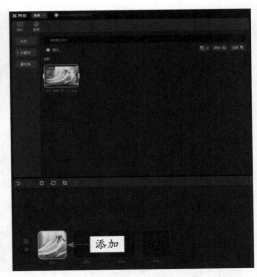

图 17-12 选择相应的图片素材　　　　　图 17-13 添加相应的素材文件

STEP 06 使用同样的操作方法，添加其他的图片素材，单击"完成"按钮，如图 17-14 所示，即可完成视频的制作。

图 17-14 单击"完成"按钮

STEP 07 在"播放器"窗口，单击"播放"按钮▶，即可预览商品摄影短视频。

第 18 章
商业摄影绘画实战案例

商业摄影是一种专门用于商业用途的摄影，其主要目的是为商品、服务、品牌或公司创建视觉内容，以用于广告、营销、宣传等活动。本章将以商品短视频的创作为例，为大家讲解相关的实战技巧。

扫码看效果　扫码看视频

18.1 获取商业摄影短视频的标题

【效果展示】：我们可以直接在 ChatGPT 中输入相关的关键词，快速获取商业摄影短视频的标题，效果如图 18-1 所示。

 请为我生成10个商业摄影短视频的标题

当拍摄商业摄影短视频时，吸引人的标题可以吸引更多观众的注意力。以下是一些可能的商业摄影短视频标题：

1. "奢华珠宝闪耀登场！"
2. "绝美餐厅用具，带来精致用餐体验。"
3. "最新科技产品：未来已来！"
4. "时尚风格，不可错过的夏季服装。"
5. "美味诱人的烘焙艺术！"
6. "家居装饰点亮你的生活。"
7. "户外探险必备装备，勇往直前！"
8. "美妆产品：焕发自信美丽！"
9. "顶级汽车配件，极速驾驶之选。"
10. "健康生活方式，为你的身体加油！"

这些标题旨在吸引不同类型产品的潜在客户，并激发他们的兴趣。您可以根据您的商品和目标受众来自定义这些标题，以确保它们与您的短视频内容相符。

图 18-1 获取的商业摄影短视频标题

下面介绍使用 ChatGPT 获取商业摄影短视频标题的操作方法。

STEP 01 ❶在 ChatGPT 的输入框中，输入商业摄影短视频标题的相关关键词，如"请为我生成 10 个商业摄影短视频的标题"；❷单击输入框右侧的"发送"按钮 ▶（或按"Enter"键），如图 18-2 所示。

图 18-2 单击输入框右侧的"发送"按钮 ▶

STEP 02 执行操作后，ChatGPT 即可根据要求生成相应的内容，效果如图 18-1 所示。

18.2 获取商业摄影短视频的正文

扫码看效果　扫码看视频

【效果展示】：除了标题，我们还可以使用 ChatGPT 获取对应的正文内容。使用 ChatGPT 获取商业摄影短视频正文的效果，如图 18-3 所示。

以"家居装饰点亮你的生活"为标题，生成150字左右的短视频正文内容

"家居装饰点亮你的生活"

家，是温馨和快乐的源泉。我们相信，家居装饰可以为您的生活注入更多的美丽和幸福。

无论您喜欢简约现代、经典复古还是地道民族风，我们的家居装饰系列都能满足您的需求。从精致的壁画到温暖的装饰灯具，从柔软的沙发到独特的艺术品，我们提供的每一件物品都经过精心挑选，以为您的家带来更多个性和风格。

家，应该是一个反映您品味和故事的地方。让我们的家居装饰成为您的创意画布，让您的家变成一个独特而令人愉悦的空间。点亮每一个日常瞬间，让您的生活更加精彩。无论您是要改善您的起居室、卧室、厨房还是办公室，我们都有多样的选择等待着您的挑选。一起打造一个令人陶醉的家吧！

图 18-3　获取商业摄影短视频正文的效果

下面介绍使用 ChatGPT 获取商业摄影短视频正文的操作方法。

STEP 01 ❶在 ChatGPT 的输入框中，输入商业摄影短视频正文的相关关键词，如"以'家居装饰点亮你的生活'为标题，生成 150 字左右的短视频正文内容"；❷单击输入框右侧的"发送"按钮▶（或按"Enter"键），如图 18-4 所示。

图 18-4　单击输入框右侧的"发送"按钮▶

STEP 02 执行操作后，ChatGPT 即可根据要求生成相应的内容，具体效果如图 18-3 所示。

18.3　生成商业摄影短视频的内容

扫码看效果　　扫码看视频

【效果展示】：获取商业摄影短视频的标题和正文之后，我们可以使用剪映软件一键生成短视频的内容，效果如图 18-5 所示。

下面介绍使用剪映软件一键生成商业摄影短视频内容的操作方法。

家居装饰可以为您的生活注入更多的美丽和幸福

我们的家居装饰系列都能满足您的需求

从精致的壁画到温暖的装饰灯具

从柔软的沙发到独特的艺术品

图 18-5 使用剪映一键生成种草视频内容的效果

STEP 01 从 ChatGPT 中复制刚生成的商业摄影短视频的正文内容，进入剪映软件的首页，单击"文字成片"按钮，在弹出的"文字成片"对话框中，粘贴复制的正文内容，如图 18-6 所示。

STEP 02 ❶单击"生成视频"按钮；在"生成视频"的展开选项中，❷选择"智能匹配素材"选项，如图 18-7 所示。

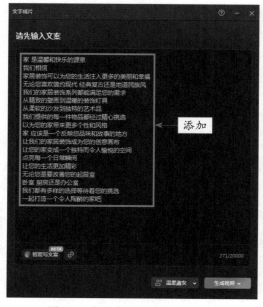
图 18-6 粘贴复制的正文内容

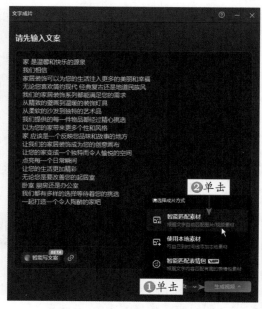
图 18-7 单击"生成视频"按钮

STEP 03 执行操作后，即可生成一条商业摄影短视频，如图 18-8 所示。

图 18-8　生成一条商业摄影短视频

STEP 04 根据生成的短视频对素材进行替换，完成短视频内容的调整，如图 18-9 所示。该短视频的相关画面，如图 18-5 所示。

图 18-9　完成短视频内容的调整

▶　**专家指点**

　　剪映软件会根据粘贴的正文内容自动生成字幕，我们可以选中对应的字幕条进行修改，例如觉得某个标点有些多余，可以直接进行删除。

18.4　对商业摄影短视频进行剪辑加工

扫码看效果　　扫码看视频

　　【效果展示】：使用剪映软件一键生成商业摄影短视频的内容之后，我们还可以通过加滤镜、特效和转场等，对视频进行剪辑加工。具体来说，使用剪映软件对商业摄影短视频进行剪辑加工，效果如图 18-10 所示。

图 18-10 使用剪映软件对商业摄影短视频进行剪辑加工的效果

下面介绍使用剪映软件的"滤镜"功能对商业摄影短视频进行剪辑加工的具体操作方法。

STEP 01 ❶单击"滤镜"按钮；❷切换至"室内"选项卡，如图 18-11 所示。

STEP 02 选择合适的滤镜，单击右下角的"添加到轨道"按钮，如图 18-12 所示。

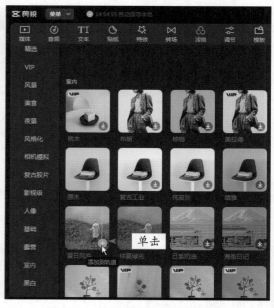

图 18-11 切换至"室内"选项卡   图 18-12 单击"添加到轨道"按钮

STEP 03 执行操作后，会显示对应的滤镜使用范围，如图 18-13 所示。

图 18-13 显示对应的滤镜使用范围

STEP 04 调整滤镜的使用范围，如将其应用到整个视频中，如图 18-14 所示。应用滤镜之后，视频的相关画面效果，如图 18-10 所示。

图 18-14 将滤镜应用到整个视频中

18.5 快速导出商业摄影短视频

扫码看视频

使用剪映软件对商业摄影短视频进行剪辑加工，如果对视频的效果比较满意，可以使用剪映软件快速导出。下面就来介绍使用剪映软件快速导出商业摄影短视频的操作方法。

STEP 01 单击视频处理界面右上方的"导出"按钮，如图 18-15 所示。

STEP 02 在弹出的"导出"对话框中，❶设置视频的导出信息；❷单击"导出"按钮，如图 18-16 所示。

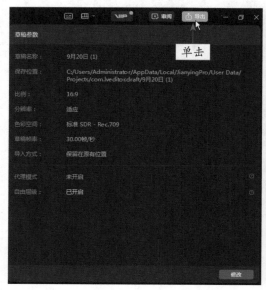

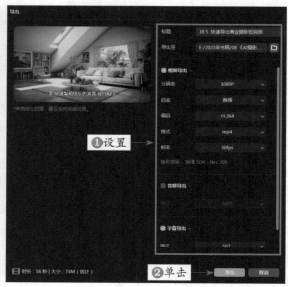

图 18-15 单击"导出"按钮（1）　　　　　　图 18-16 单击"导出"按钮（2）

STEP 03 执行操作后，会弹出新的"导出"对话框，该对话框中会显示视频导出的进度，如图 18-17 所示。

图 18-17 显示视频导出的进度

STEP 04 如果"导出"对话框中显示"发布视频，让更多人看到你的作品吧！"，就说明商业摄影短视频导出成功了，如图 18-18 所示。此时，单击"打开文件夹"按钮，即可查看已导出的商业摄影短视频。

图 18-18　商业摄影短视频导出成功

读者服务

读者在阅读本书的过程中如果遇到问题，可以关注
"有艺"公众号，通过该公众号中的"读者反馈"
功能与我们取得联系。此外，通过关注"有艺"公
众号，您还可以获取艺术教程、艺术素材、新书资
讯、书单推荐、优惠活动等相关信息。

扫一扫关注"有艺"

投稿、团购合作：请发送邮件至art@phei.com.cn